Nº D'ORDRE
286.

THÈSES

PRÉSENTÉES

A LA FACULTÉ DES SCIENCES DE PARIS

POUR

OBTENIR LE GRADE DE DOCTEUR ÈS SCIENCES,

Par M. Maurice LÉVY,

INGÉNIEUR DES PONTS ET CHAUSSÉES,
ANCIEN RÉPÉTITEUR SUPPLÉANT DE MÉCANIQUE A L'ÉCOLE POLYTECHNIQUE.

THÈSE DE MÉCANIQUE APPLIQUÉE. — Essai théorique et appliqué sur le mouvement des liquides.

THÈSE DE GÉOMÉTRIE. — Sur une transformation des coordonnées curvilignes orthogonales et sur les coordonnées curvilignes comprenant une famille quelconque de surfaces du second ordre.

Soutenues le   1867, devant la Commission d'Examen.

MM. CHASLES,   *Président.*

DELAUNAY,
                 Examinateurs.
SERRET,

PARIS,

GAUTHIER-VILLARS, IMPRIMEUR-LIBRAIRE

DE L'ÉCOLE IMPÉRIALE POLYTECHNIQUE, DU BUREAU DES LONGITUDES,

SUCCESSEUR DE MALLET-BACHELIER,

Quai des Augustins, 55.

1867

A LA MÉMOIRE DE MES PARENTS,

A MON ONCLE, M. LE DR G. SÉE.

HOMMAGE DE RECONNAISSANCE ET D'AFFECTION.

THÈSES

PRÉSENTÉES

A LA FACULTÉ DES SCIENCES DE PARIS

POUR

OBTENIR LE GRADE DE DOCTEUR ÈS SCIENCES,

Par M. Maurice LEVY,

INGÉNIEUR DES PONTS ET CHAUSSÉES,
ANCIEN RÉPÉTITEUR SUPPLÉANT DE MÉCANIQUE A L'ÉCOLE POLYTECHNIQUE.

THÈSE DE MÉCANIQUE APPLIQUÉE. — Essai théorique et appliqué SUR LE MOUVEMENT DES LIQUIDES.

THÈSE DE GÉOMÉTRIE. — Sur une transformation des coordonnées curvilignes orthogonales et sur les coordonnées curvilignes comprenant une famille quelconque de surfaces du second ordre.

Soutenues le **1867, devant la Commission d'Examen.**

MM. CHASLES, *Président.*
DELAUNAY,
SERRET, *Examinateurs.*

PARIS,

GAUTHIER-VILLARS, IMPRIMEUR-LIBRAIRE

DE L'ÉCOLE IMPÉRIALE POLYTECHNIQUE, DU BUREAU DES LONGITUDES,
SUCCESSEUR DE MALLET-BACHELIER,
Quai des Augustins, 55.

1867

ACADÉMIE DE PARIS.

FACULTÉ DES SCIENCES DE PARIS.

DOYEN................................ MILNE EDWARDS, Professeur. Zoologie, Anatomie, Physiologie.

PROFESSEURS HONORAIRES { PONCELET.
LEFÉBURE DE FOURCY.

PROFESSEURS .... {
DUMAS..................... Chimie.
DELAFOSSE................. Minéralogie.
BALARD.................... Chimie.
CHASLES................... Géométrie supérieure.
LE VERRIER................ Astronomie.
DUHAMEL................... Algèbre supérieure.
LAMÉ...................... Calcul des probabilités, sique mathématique.
DELAUNAY.................. Mécanique physique.
C. BERNARD................ Physiologie générale.
P. DESAINS................ Physique.
LIOUVILLE................. Mécanique rationnelle.
HÉBERT.................... Géologie.
PUISEUX................... Astronomie.
DUCHARTRE................. Botanique.
JAMIN..................... Physique.
SERRET.................... Calcul différentiel et in
PAUL GERVAIS.............. Anatomie, Physiologie c rée, Zoologie.

AGRÉGÉS........................ {
BERTRAND.............. } Sciences mathématique
J. VIEILLE............ }
PELIGOT............... Sciences physiques.

SECRÉTAIRE.................... PHILIPPON.

PARIS. — IMPRIMERIE DE GAUTHIER-VILLARS, SUCCESSEUR DE MALLET-BACHELIER,
Rue de Seine-Saint-Germain, 10, près l'Institut.

THÈSE DE MÉCANIQUE APPLIQUÉE.

ESSAI THÉORIQUE ET APPLIQUÉ

sur

LE MOUVEMENT DES LIQUIDES.

I. — *Introduction.*

Toutes les questions, même les plus simples, que soulève l'écoulement des fluides naturels (*) offrent de grandes difficultés. D'abord, on n'a pas une définition suffisamment exacte de ces fluides. La propriété de ne transmettre que des pressions normales, par laquelle on caractérise les liquides et les gaz en Mécanique rationnelle, s'applique bien aux fluides naturels en repos. Mais sitôt que ceux-ci se mettent en mouvement, l'expérience prouve qu'il se développe entre leurs différentes parties des actions tangentielles, actions d'autant plus intenses que le mouvement est plus rapide, et qu'il n'est presque jamais permis de négliger. Ces actions sont si variables dans les divers mouvements observés jusqu'ici, qu'on en ignore absolument les lois. De là une première difficulté qui est capitale. Mais supposons-la levée, supposons que les lois dont je parle soient connues par l'expérience, ou, plus exactement, par la comparaison des résultats d'une analyse mathématique rationnelle avec l'expérience ; car celle-ci seule sera toujours impuissante à fournir les lois des phénomènes intermoléculaires ; alors on pourra écrire les équations générales du mouvement des fluides naturels. Ces équations, il faudra ensuite les intégrer ; ce sera là, dans

---

(*) J'appelle *fluides naturels* les fluides imparfaits ou visqueux de la nature, par opposition aux fluides d'une mobilité parfaite qu'on considère en Mécanique rationnelle.

I

la plupart des cas, une nouvelle et insurmontable difficulté. Même en Mécanique rationnelle, où l'on ne considère que les fluides parfaits, c'est-à-dire ne transmettant que des pressions normales, on arrive à des équations « rebelles, suivant l'expression de Lagrange, à toute intégration. » A plus forte raison en sera-t-il ainsi, si l'on ajoute à ces équations les termes, quels qu'ils soient, provenant des actions tangentielles auxquelles on ne peut pas se dispenser d'avoir égard dans l'étude du mouvement des fluides de la nature.

Dans la plupart des questions de Physique mathématique, les équations aux différences partielles que l'on rencontre sont linéaires et à coefficients constants. Leurs intégrales générales sont la somme d'un nombre infini d'intégrales particulières, généralement faciles à trouver et multipliées chacune par un coefficient arbitraire. Dans chaque question on détermine ces coefficients en nombre infini, soit par la méthode qu'a indiquée Fourrier dans la théorie de la chaleur, soit par des moyens analogues, comme a fait, par exemple, M. Lamé dans le Mémoire où il donne la solution complète du problème de l'équilibre d'élasticité d'une enveloppe sphérique dont les deux faces seraient pressées par des forces quelconques.

En Hydraulique, les équations que l'on trouve ne sont pas linéaires ; on ne peut plus appliquer les moyens dont je viens de parler. Voilà pourquoi cette science est si arriérée. Elle est arrêtée par des difficultés d'analyse, et elle ne pourra franchir certaines limites que quand l'analyse elle-même aura perfectionné la théorie des équations aux différences partielles simultanées. Il est pourtant un cas où les équations générales du mouvement des liquides semblent pouvoir devenir linéaires ; c'est celui où toutes les molécules fluides décrivent des lignes droites parallèles. Aussi est-ce là le seul cas que l'on ait cherché à étudier et que de longtemps sans doute on puisse espérer résoudre. Seulement, il semble que pour en trouver la solution, il faille commencer par faire une hypothèse sur les actions intermoléculaires des liquides ; et les hypothèses en grand nombre que l'on pourrait faire et que l'on a faites ont ce grave inconvénient : si les formules auxquelles conduit une hypothèse sont infirmées par l'expérience, ce sera une preuve qu'elle est erronée ; il faudra en essayer une autre ; celle-ci pourra avoir le même sort et ainsi de suite, en sorte que l'on est exposé à rester indéfiniment dans les conjectures. C'est en effet ce qui est arrivé. Les dernières expériences de M. Darcy, inspecteur général des Ponts et Chaussées, complétées par M. Bazin, ingénieur dans le même corps, démentent tout ce que l'on croyait savoir, et aujourd'hui cette question, si simple qu'elle puisse paraître, du mouvement rectiligne des liquides, est scientifiquement sans solution. Voici, du reste, les diverses phases par lesquelles elle a passé.

Le travail le plus important, on pourrait dire le seul ayant véritablement un caractère scientifique qui ait été fait sur le mouvement des fluides, est celui que Navier a lu à l'Académie des Sciences le 18 mars 1822 et qui se trouve inséré au tome VI des *Mémoires de l'Institut*. Navier est parti de ce principe : lorsqu'un fluide est en repos, ses molécules se placent à des distances déterminées par la condition d'une destruction mutuelle des forces de répulsion et de compression qu'elles exercent les unes sur les autres. Lorsque le fluide se met en mouvement, les distances moléculaires changent, et avec elles les forces attractives et répulsives. Navier admet en principe que ces forces sont, par l'effet du mouvement, augmentées ou diminuées de quantités proportionnelles à la vitesse avec laquelle les molécules s'approchent ou s'éloignent les unes des autres. Il admet de même que les actions qui s'exercent entre les parois solides qui contiennent les fluides et les molécules voisines sont, par l'effet du mouvement, augmentées ou diminuées de quantités proportionnelles aux vitesses avec lesquelles chaque molécule du fluide s'approche ou s'éloigne de chaque molécule immobile appartenant à la paroi.

En partant de ces principes, Navier est arrivé par une analyse assez longue, mais qu'on pourrait simplifier par les méthodes usitées aujourd'hui, aux équations générales du mouvement des liquides que voici :

$$
(a) \begin{cases}
P - \dfrac{dp}{dx} = \rho\left(\dfrac{dU}{dt} + U\dfrac{dU}{dx} + V\dfrac{dU}{dy} + W\dfrac{dU}{dz}\right) - \varepsilon\left(\dfrac{d^2U}{dx^2} + \dfrac{d^2U}{dy^2} + \dfrac{d^2U}{dz^2}\right), \\[2mm]
Q - \dfrac{dp}{dy} = \rho\left(\dfrac{dV}{dt} + U\dfrac{dV}{dx} + V\dfrac{dV}{dy} + W\dfrac{dV}{dz}\right) - \varepsilon\left(\dfrac{d^2V}{dx^2} + \dfrac{d^2V}{dy^2} + \dfrac{d^2V}{dz^2}\right), \\[2mm]
R - \dfrac{dp}{dz} = \rho\left(\dfrac{dW}{dt} + U\dfrac{dW}{dx} + V\dfrac{dW}{dy} + W\dfrac{dW}{dz}\right) - \varepsilon\left(\dfrac{d^2W}{dx^2} + \dfrac{d^2W}{dy^2} + \dfrac{d^2W}{dz^2}\right), \\[2mm]
\dfrac{dU}{dx} + \dfrac{dV}{dy} + \dfrac{dW}{dz} = 0,
\end{cases}
$$

dans lesquelles U, V, W sont les composantes suivant trois axes rectangulaires de la vitesse d'une molécule fluide; P, Q, R les composantes suivant les mêmes axes des forces extérieures qui la sollicitent, rapportées à l'unité de volume; p la pression qui s'exercerait en chaque point, si le liquide était d'une fluidité parfaite, et ε un coefficient constant dépendant de la nature du fluide.

Contre les parois, le mouvement des molécules doit satisfaire aux conditions suivantes :

$$(b) \quad \begin{cases} EU + \varepsilon \left(\dfrac{dU}{dx} \cos l + \dfrac{dU}{dy} \cos m + \dfrac{dU}{dz} \cos n \right) = 0, \\[2ex] EV + \varepsilon \left(\dfrac{dV}{dx} \cos l + \dfrac{dV}{dy} \cos m + \dfrac{dV}{dz} \cos n \right) = 0, \\[2ex] EW + \varepsilon \left(\dfrac{dW}{dx} \cos l + \dfrac{dW}{dy} \cos m + \dfrac{dW}{dz} \cos n \right) = 0, \end{cases}$$

où E est une constante dépendant de la nature de la paroi; l, m, n, les angles que la normale à la paroi, au point considéré, fait avec les axes.

On voit facilement que lorsque toutes les molécules sont supposées décrire des lignes droites parallèles, les équations (a) deviennent linéaires. C'est cette question du mouvement rectiligne que Navier a examinée et résolue dans trois cas différents, savoir : 1° quand l'écoulement se fait suivant la ligne de plus grande pente d'un plan indéfini en largeur, de manière qu'on puisse supposer que toutes les molécules situées sur une ligne parallèle à l'horizontale de ce plan aient même vitesse; 2° quand il a lieu dans un tuyau circulaire et en admettant que toutes les molécules situées sur une circonférence concentrique à l'axe aient la même vitesse; 3° quand il a lieu par un tuyau rectangulaire.

Ainsi, on ne sait même pas résoudre d'une manière générale la question du mouvement rectiligne; on n'en connaît la solution que dans les trois cas que je viens d'indiquer; car il n'est pas à ma connaissance que l'on ait rien fait de plus depuis Navier. Cependant, si limitées qu'elles soient, ces notions seraient encore d'une grande utilité si elles étaient acquises d'une manière certaine. Malheureusement il n'en est pas ainsi; le principe même qui a servi de base au travail de Navier a été contesté dans ces derniers temps par un éminent ingénieur, M. Darcy. M. Darcy a fait des expériences en grand sur les conduites d'eau de la ville de Paris. Il a trouvé les résultats de ses expériences en complet désaccord avec les formules de Navier appliquées à un tuyau circulaire et rectiligne, et il en a conclu que le principe qui avait fourni ces formules était erroné.

A la place du principe contesté, M. Darcy en a posé un autre, et voici par quel procédé : il a traduit l'ensemble de ses expériences par une formule empirique de la forme

$$(c) \qquad V_0 - V = K \frac{r^{\frac{3}{2}} \sqrt{i}}{R},$$

V_0 étant la vitesse centrale ; R le rayon du tuyau ; V la vitesse d'une molécule placée à la distance r de l'axe de ce tuyau ; i la perte de charge de l'eau par mètre courant, et K un coefficient constant. Or, il se trouve que cette formule peut être établie théoriquement, si on suppose le mouvement qui se produit dans une conduite, rectiligne, et si l'on admet :

1° Que l'action mutuelle de deux filets fluides est proportionnelle, non pas, comme le supposait Navier, à leur vitesse relative $\frac{dV}{dr}$, mais au carré de cette vitesse relative ;

2° Au carré du rayon de la conduite.

D'où M. Darcy conclut que ce sont là les véritables lois qui régissent les actions mutuelles des molécules liquides en mouvement, et c'est ce que l'on admet depuis, dans l'enseignement. Mais les expériences de M. Darcy ont été continuées, après sa mort, par M. l'ingénieur Bazin sur des canaux découverts de toute forme, et notamment des canaux demi-circulaires. Cet ingénieur a également traduit par des formules empiriques les résultats auxquels il est parvenu. Or, ces formules et ces résultats démentent de la manière la plus complète les lois admises par M. l'inspecteur général Darcy.

Je dois dire, du reste, que déjà, avant la publication du travail de M. Bazin, j'avais eu des doutes sérieux sur les conséquences théoriques que M. Darcy avait cru pouvoir tirer de ses expériences. D'abord, j'espère montrer plus loin que la proportionnalité de l'action mutuelle de deux filets au carré de leur vitesse relative est *mathématiquement* impossible. Quant à la loi qui veut que cette action dépende du rayon de la conduite, elle a toujours paru, à tous les ingénieurs qui s'occupent d'hydraulique, très-difficile à concevoir. Voici, au surplus, comment, à cet égard, s'exprime M. Darcy : « L'hypothèse du mouvement graduel et régulier des filets contigus ne pouvait faire pressentir ce résultat (à savoir que le rayon de la conduite interviendrait dans la loi de l'action mutuelle ou, comme on dit, *du frottement* de deux filets liquides). Alors l'expression du frottement semblait devoir être indépendante du rayon du tuyau. Mais cette hypothèse est-elle plus conforme aux lois naturelles que celle du parallélisme des tranches? Rend-elle compte de tous les mouvements observés dans les courants, mouvements qui paraissent dépendre de la section absolue et doivent influer sur la grandeur des actions intérieures? Explique-t-elle la variation périodique des vitesses des filets fluides telle que nous l'avons observée, M. Baumgarten et moi, au moyen du tube jaugeur décrit, dans les fontaines publiques de Dijon? Laisse-t-elle entrevoir la cause des variations de hauteur des jets d'eau et des oscillations manométriques, oscillations d'autant plus fortes que les diamètres des conduites sont plus considérables? A-t-on égard dans cette hypothèse aux mouvements giratoires et oscillatoires que doivent prendre les éléments des filets prétendus linéaires, mouvements qu'il est bien difficile de révoquer en doute, en présence de l'extrême mobilité des molécules fluides, de la différence de vitesse des filets contigus et de la cohésion qui les unit? Si j'ajoute à ces difficultés que cette même hypothèse, dans laquelle on laisse la section du tuyau sans influence sur les actions intérieures, conduit, comme on le verra pour les vitesses maxima et moyenne, à des expressions désavouées par l'expérience, il faudra bien en conclure, malgré l'autorité des noms qui s'attachent à cette hypothèse, qu'elle est en désaccord avec les faits et qu'elle devrait être modifiée. »

Ce que M. Darcy établit surtout dans le passage que je viens de citer, c'est que les mouvements qu'il a observés sont loin d'être rectilignes, qu'ils sont au contraire fort tumultueux. Ce point de fait n'est pas difficile à admettre. On comprend, en effet, que dans une conduite d'eau d'une certaine longueur, il soit impossible d'établir un mouvement rectiligne. D'abord, les eaux du réservoir sont introduites dans la conduite par un étranglement brusque ; c'est une première cause de divergence dans le mouvement des molécules liquides ; ensuite celles-ci viennent frapper contre une paroi plus ou moins rugueuse, le long de laquelle elles ne peuvent pas glisser en ligne droite ; elles éprouvent, au contraire, de la part de cette paroi, des réflexions successives et peuvent même tourner en hélice dans l'intérieur du tuyau, par suite de leurs vitesses initiales. A ces causes de perturbations viennent s'ajouter celles provenant des soudures des diverses parties qui composent la conduite, les inégalités de diamètre de celle-ci, les courbures qu'elle peut affecter, etc. Il est donc évident que le mouvement est plus ou moins agité. Or, c'est au moyen des résultats numériques donnés par un tel mouvement, que M. Darcy a voulu contrôler une formule de Navier *applicable seulement au mouvement rectiligne;* il est clair que les conditions expérimentales et les conditions théoriques n'étaient pas comparables ; que si la formule s'est trouvée en défaut, rien n'est plus naturel, et l'on ne peut, en aucune façon, en déduire qu'elle repose sur un principe inexact. Je ne prétends pas défendre ce principe ; je reviendrai plus tard sur cette question ; je dis seulement que l'épreuve que M. Darcy lui a fait subir est très-douteuse. Il en serait tout autrement si, au lieu de prouver, comme il le fait dans le passage précité, qu'il a opéré sur un mouvement irrégulier, M. Darcy pouvait, au contraire, établir que ses observations ne portent que sur des mouvements parfaitement rectilignes. Si *alors* la formule de Navier ne s'appliquait pas, elle devrait être condamnée ainsi que le principe qui lui sert de base. Il y a en cette matière deux genres d'observations à faire : celles faites en grand par M. Darcy sont très-utiles à la pratique, bien que les formules empiriques qu'elles fournissent aient les inconvénients de toutes les formules empiriques, à savoir de ne plus donner aucune sécurité quand on les emploie dans des conditions un peu différentes de celles où elles ont été obtenues. Mais au point de vue scientifique on ne peut rien en déduire. Trop de causes de perturbation en affectent les résultats pour qu'on puisse espérer en tirer aucune loi. Il faudrait, au contraire, pour ce dernier but, des expériences en petit, des expériences de laboratoire, où l'on prendrait toutes les précautions pour réaliser de véritables mouvements rectilignes et uniformes. C'est par le résultat de semblables expériences que l'on vérifierait le degré d'exactitude des formules applicables aux mouvements rectilignes, et que l'on jugerait des principes qui leur ont servi de base (*).

Si maintenant j'examine la manière dont M. Darcy a établi les lois qu'il a substituées à celles de Navier, j'arrive encore à des conclusions contraires aux siennes. Il dit que ses lois sont exactes, parce qu'appliquées à un mouvement rectiligne elles donnent une formule comprenant les résultats de toutes ses expériences. La conclusion serait juste si les expériences portaient sur des mouvements rectilignes, mais elles portent sur des mouvements fort irréguliers. Or, en partant d'une loi exacte et l'appliquant à un mouvement rectiligne, il est impossible de trouver les données d'un mouvement qui ne l'est pas. Si on les trouve, on peut être certain qu'on est parti d'une loi fausse et que la coïncidence est de pur hasard. Ainsi, les déductions théoriques de M. Darcy sont inadmissibles, et il n'y a rien de surprenant à ce qu'elles aient été infirmées par les nouvelles expériences de M. Bazin. La formule de M. Darcy doit être regardée comme purement empirique et impuissante à donner la loi élémentaire des actions qui s'exercent entre des molécules fluides en mouvement.

Je résume tout ce qui précède ainsi :

Le principe de Navier est contesté par M. Darcy ; les principes de

---

(*) Ce qui fait que M. Darcy ne peut théoriquement rien déduire de ses expériences, ce sont précisément toutes les causes de trouble qu'il décrit si bien dans le passage cité plus haut. L'observateur doit éviter la réunion de circonstances aussi multiples ; il doit chercher à étudier *séparément* les effets de chacune de ces circonstances ; autrement il n'en voit que la résultante et ne peut rien dire sur chacune d'elles en particulier. Je comprends que les mouvements giratoires et autres observés dépendent du diamètre des tuyaux ; mais, ce qui n'en dépend certainement pas, c'est l'action mutuelle de deux molécules fluides animées de vitesses connues ; celle-ci ne dépend que de ces vitesses, et quand ces vitesses restent les mêmes, elle reste aussi la même, que le mouvement ait lieu dans n'importe quel tuyau ou, plus généralement, dans n'importe quelles conditions matérielles. C'est cette action mutuelle indépendante des conditions physiques où se réalise le mouvement, qu'on doit chercher avant tout, parce qu'elle s'appliquera ensuite à toute espèce de mouvement. Mais que signifie une loi sur l'action mutuelle de deux molécules, lorsqu'elle dépend du rayon de la conduite? Quel usage en peut-on faire pour étudier d'autres questions, par exemple, celle du mouvement dans les canaux? Aucun : ce sont donc des lois qui sont aussi limitées que la formule empirique qui les a fournies. Elles ne donnent rien en dehors des tuyaux. Elles ne méritent donc pas le nom de lois qu'on leur a donné. Ce sont tout au plus des moyens mnémoniques pour retenir la formule de M. Darcy.

M. Darcy sont infirmés par les expériences de M. Bazin ; et enfin ce
dernier n'a émis aucune loi précise. Mais il pense, d'après les résultats
numériques qu'il a obtenus, que les actions mutuelles des molécules
fluides en mouvement dépendent non-seulement de leurs vitesses relatives, mais aussi de leurs vitesses absolues (*). Nous n'avons donc
aujourd'hui aucune connaissance précise en Hydraulique ; et cependant
cette science est, par ses applications journalières, une des plus utiles
à connaître. J'ai dit plus haut qu'on ne pouvait pas actuellement abor-
der l'étude des mouvements autres que le mouvement rectiligne ; mais
du moins doit-on chercher à connaître les lois de celui-ci d'une façon
certaine et sans recourir à des hypothèses contestables. Je crois qu'on
peut y arriver facilement par l'emploi de la méthode suivie par M. Lamé,
dans ses Leçons sur l'élasticité des corps solides, méthode de tous points
applicable aux liquides. C'est ce que j'essayerai de montrer dans ce
Mémoire. La marche que j'ai suivie m'a permis de donner la théorie
complète du mouvement rectiligne et permanent des liquides, en partant de ce seul point sur lequel les observateurs de tous les temps ont
été d'accord, à savoir que les actions tangentielles ou, suivant l'expression parfois reçue, *le frottement* que leurs diverses parties exercent les
unes sur les autres, par suite de leurs mouvements, sont indépendantes
de la pression en chaque point. Mais je ne fais *à priori* aucune hypothèse sur l'expression de cette force en fonction de la vitesse relative.
J'admets même, d'après l'opinion de M. Bazin, sauf à le vérifier ensuite,
qu'elle dépend aussi de la vitesse absolue des molécules fluides : puis,
par la comparaison des formules définitives auxquelles j'arrive avec
l'expérience, je trouve, *à posteriori* et d'une manière certaine, l'expression de cette force. Il en serait du moins ainsi s'il existait des expériences très-précises sur le mouvement rectiligne des liquides. Les
expériences restent malheureusement à faire ; mais en attendant qu'on
les possède, j'ai comparé mes formules aux observations de M. Darcy ;
et s'il est prouvé que, quelque hypothèse que l'on fasse sur le frottement des liquides, on n'arrivera jamais à faire cadrer d'une manière
parfaite les formules du mouvement rectiligne avec les expériences de

____

(*) Cela n'a rien d'incompréhensible ; car on entend ici par vitesse absolue la vitesse des
molécules fluides par rapport aux parois supposées en repos.

M. Darcy, ce sera une preuve de plus, et une preuve en quelque sorte mathématique, que dans les tuyaux de conduite l'eau ne s'écoule pas en ligne droite. C'est en effet ce qui a lieu. Malgré cela, la comparaison des formules avec les expériences faites donne les lois probables du frottement et montre comment ces formules doivent être corrigées pour devenir applicables aux conduites d'eau.

Je terminerai ce travail en montrant comment, avec les nouveaux principes, qui veulent que les actions mutuelles des molécules dépendent non-seulement de leurs vitesses relatives, mais encore de leurs vitesses absolues, on peut encore trouver les équations générales du mouvement des fluides. Quant au mouvement rectiligne et permanent, je le traite non-seulement dans les trois cas résolus par Navier, mais quelle que soit la forme curviligne ou même polygonale de la section mouillée.

La généralité de la solution tient à une propriété curieuse et qui n'avait, je crois, pas été remarquée, des courants rectilignes. Cette propriété consiste en ce que, dans une section transversale quelconque, les courbes d'égale vitesse sont nécessairement des lignes parallèles, c'est-à-dire ayant même développée. On comprend, d'après cela, que si l'on connaît une de ces courbes, toutes les autres s'ensuivent, et la vitesse en un point quelconque dépendra non plus des deux coordonnées de ce point, mais seulement de sa distance à la courbe connue. L'équation aux vitesses ne sera donc pas aux différences partielles à deux variables, mais aux différences ordinaires à une variable, et dès lors toute difficulté d'analyse disparaît.

<hr>

II. — *Formules générales sur le mouvement des fluides.*

Les fluides que l'on considère en Mécanique rationnelle ne transmettent que des pressions normales, et, partant, des pressions égales dans tous les sens. Il n'en est plus de même dans les fluides de la nature où les actions intérieures étant obliques aux surfaces sur lesquelles elles s'exercent, leurs composantes normales ne sont plus égales dans toutes les directions ; elles varient non-seulement d'un point à un autre du fluide, mais aussi au même point avec l'orientation des éléments superficiels auxquels elles sont appliquées.

Ceci étant, rapportons les points d'un fluide à trois axes rectangulaires des x, des y et des z, et considérons un parallélipipède infiniment petit, dont les arêtes dx, dy, dz soient parallèles aux axes. La réaction exercée sur chaque face du parallélipipède par le fluide environnant pourra se décomposer en une action normale et deux actions tangentielles; on aura donc à considérer sur trois faces contiguës du parallélipipède neuf forces différentes, dont trois normales aux faces sur lesquelles elles s'exercent, et six situées sur ces faces. Mais on peut facilement réduire ces dernières à trois, en prenant, comme a fait M. Lamé pour les corps solides élastiques, par rapport à trois lignes parallèles aux axes coordonnés et passant par le centre du parallélipipède, les moments de toutes les forces, y compris les forces d'inertie, qui agissent sur celui-ci, et exprimant leur équilibre. On démontrerait ainsi cette proposition, que nous appliquerons fréquemment :

Quand deux éléments plans sont perpendiculaires entre eux, qu'on prenne sur chacun d'eux la composante tangentielle (*) normale à leur commune intersection, ces deux forces sont égales entre elles.

Cette loi, que M. Lamé appelle la loi des composantes réciproques, réduit à six le nombre des forces différentes en grandeur qui agissent sur les trois faces contiguës du parallélipipède élémentaire considéré plus haut, savoir : trois composantes normales que nous appellerons N_1, N_2, N_3, et trois composantes tangentielles que nous appellerons T_1, T_2, T_3, toutes ces forces étant rapportées à l'unité de surface. Moyennant ces dénominations, on peut comprendre dans le tableau suivant les trois composantes agissant sur chacune des faces du parallélipipède, savoir :

$$\begin{aligned}
&\text{Sur la face } dy\,dz\ldots\quad N_1,\ T_3,\ T_2;\\
&\text{Sur la face } dz\,dx\ldots\quad T_3,\ N_2,\ T_1;\\
&\text{Sur la face } dx\,dy\ldots\quad T_2,\ T_1,\ N_3.
\end{aligned}$$

Par suite, si on appelle X_0, Y_0, Z_0 les composantes rapportées à l'unité de masse des forces extérieures qui agissent sur le fluide, ρ sa den-

---

(*) Cette force étant rapportée à l'unité de surface.

2..

sité, les équations de son équilibre pourront s'écrire :

$$\frac{d\mathrm{N_1}}{dx} + \frac{d\mathrm{T_3}}{dy} + \frac{d\mathrm{T_2}}{dz} = \rho \mathrm{X_0},$$

$$\frac{d\mathrm{T_3}}{dx} + \frac{d\mathrm{N_2}}{dy} + \frac{d\mathrm{T_1}}{dz} = \rho \mathrm{Y_0},$$

$$\frac{d\mathrm{T_2}}{dx} + \frac{d\mathrm{T_1}}{dy} + \frac{d\mathrm{N_3}}{dz} = \rho \mathrm{Z_0}.$$

Si on veut avoir les équations de son mouvement, il suffit aux forces $\mathrm{X_0}$, $\mathrm{Y_0}$, $\mathrm{Z_0}$ d'ajouter les composantes des forces d'inertie, ce qui donnera, en désignant par U, V, W les composantes de la vitesse en un point du fluide, et groupant les termes :

$$(\mathrm{I}) \begin{cases} \mathrm{X_0} - \frac{1}{\rho}\left(\frac{d\mathrm{N_1}}{dx} + \frac{d\mathrm{T_3}}{dy} + \frac{d\mathrm{T_2}}{dz}\right) = \mathrm{U}\frac{d\mathrm{U}}{dx} + \mathrm{V}\frac{d\mathrm{U}}{dy} + \mathrm{W}\frac{d\mathrm{U}}{dz} + \frac{d\mathrm{U}}{dt}, \\[2mm] \mathrm{Y_0} - \frac{1}{\rho}\left(\frac{d\mathrm{T_3}}{dx} + \frac{d\mathrm{N_2}}{dy} + \frac{d\mathrm{T_1}}{dz}\right) = \mathrm{U}\frac{d\mathrm{V}}{dx} + \mathrm{V}\frac{d\mathrm{V}}{dy} + \mathrm{W}\frac{d\mathrm{V}}{dz} + \frac{d\mathrm{V}}{dt}, \\[2mm] \mathrm{Z_0} - \frac{1}{\rho}\left(\frac{d\mathrm{T_2}}{dx} + \frac{d\mathrm{T_1}}{dy} + \frac{d\mathrm{N_3}}{dz}\right) = \mathrm{U}\frac{d\mathrm{W}}{dx} + \mathrm{V}\frac{d\mathrm{W}}{dy} + \mathrm{W}\frac{d\mathrm{W}}{dz} + \frac{d\mathrm{W}}{dt}, \\[2mm] \frac{d\mathrm{U}}{dx} + \frac{d\mathrm{V}}{dy} + \frac{d\mathrm{W}}{dz} = 0. \end{cases}$$

La dernière de ces équations est ce qu'on appelle l'équation de continuité. Elle ne s'applique qu'aux liquides; mais les trois premières sont aussi applicables aux gaz, et si l'on voulait appliquer tout ce qui suivra à ces derniers fluides, il suffirait de remplacer la dernière des équations ci-dessus par celle bien connue se rapportant aux gaz. Nous n'insistons pas sur ce point, parce qu'ici nous avons surtout en vue les liquides.

Les quatre équations que nous venons de trouver comprennent neuf fonctions inconnues; il faut donc les compléter en exprimant ces neuf fonctions au moyen de quatre d'entre elles. C'est là en réalité toute la difficulté de la mise en équation du problème du mouvement des fluides naturels; nous en renvoyons la solution à la fin de ce travail, parce que nous l'aborderons plus facilement après avoir fait une étude complète du mouvement rectiligne et permanent.

Outre les équations indéfinies (I), il faut trouver les équations auxquelles doivent satisfaire les neuf fonctions U, V, W, N_i, T_i près des parois solides qui renferment le fluide. Soient à cet effet l, m, n les cosinus des angles que la normale en un point d'une paroi fait avec les axes; la vitesse étant dirigée perpendiculairement à cette normale, on aura la relation

$$(1) \qquad l\mathrm{U} + m\mathrm{V} + n\mathrm{W} = 0.$$

De plus, si nous considérons un tétraèdre dont l'une des faces soit située sur une paroi et dont les trois autres soient parallèles aux plans coordonnés, que nous exprimions les conditions d'équilibre de ce tétraèdre, nous aurons, en appelant X, Y, Z les composantes des forces qui agissent sur la paroi rapportées à l'unité de surface,

$$(\mathrm{II}) \qquad \begin{cases} \mathrm{X} = l\mathrm{N}_1 + m\mathrm{T}_3 + n\mathrm{T}_2, \\ \mathrm{Y} = l\mathrm{T}_3 + m\mathrm{N}_2 + n\mathrm{T}_1, \\ \mathrm{Z} = l\mathrm{T}_2 + m\mathrm{T}_1 + n\mathrm{N}_3. \end{cases}$$

X, Y, Z sont connus dans chaque question, en sorte que les équations ci-dessus indiquent les conditions que doivent remplir les six fonctions N_i, T_i le long des parois. Mais nous remarquerons avec M. Lamé que ces équations s'appliquent aussi à un point quelconque pris dans l'intérieur du fluide, et alors elles donnent la grandeur et la direction de l'action que le liquide exerce sur un élément plan passant en ce point et formant avec les plans coordonnés des angles dont les cosinus sont l, m, n, pourvu que l'on connaisse les actions N_i et T_i exercées sur les trois éléments plans passant au même point parallèlement aux plans coordonnés.

Si, pour chacun des éléments plans qu'on peut ainsi prendre autour d'un point, on représente par une droite la grandeur et la direction de la force totale (résultante de la pression normale et de l'action tangentielle) qui le sollicite, le lieu des extrémités de ces droites formera une surface. Les coordonnées d'un point de cette surface rapportée à trois axes parallèles aux coordonnées et passant au point donné sont X, Y, Z. L'équation de cette surface s'obtiendra donc en éliminant l, m, n entre (II) et

$$l^2 + m^2 + n^2 = 1.$$

On voit facilement que cette surface est un ellipsoïde. M. Lamé, qui a le premier donné cette théorie pour les corps solides élastiques, appelle cette surface l'ellipsoïde d'élasticité. Ici où il s'agit des liquides imparfaits ou, comme on dit, des liquides visqueux, on pourrait, si on voulait lui donner un nom, l'appeler l'*ellipsoïde de viscosité*. Si l'on avait affaire aux fluides parfaits, cet ellipsoïde se réduirait à une sphère, et l'on retrouverait ainsi le principe de l'égalité des pressions comme cas particulier de la belle théorie de M. Lamé. Soient A, B, C les axes de l'ellipsoïde dont il s'agit : son équation rapportée à ces axes sera

$$\frac{X^2}{A^2} + \frac{Y^2}{B^2} + \frac{Z^2}{C^2} = 1.$$

Si on considère maintenant une seconde surface du second degré dont les plans principaux coïncident avec ceux de l'ellipsoïde et dont l'équation soit

$$\frac{X^2}{A} + \frac{Y^2}{B} + \frac{Z^2}{C} = \pm K,$$

on trouve que la direction de la force totale agissant sur un élément plan quelconque est conjuguée dans cette dernière surface au plan diamétral qui contient cet élément plan.

Ainsi, la considération des deux surfaces du second degré dont les équations viennent d'être écrites donne une idée très-nette de la répartition des forces autour d'un point, puisque la seconde donne la direction de la force qui s'exerce sur un élément plan quelconque et que la première en donne la grandeur.

On voit qu'en chaque point les trois éléments plans coïncidant avec les plans principaux communs aux deux surfaces ne supportent que des pressions normales. L'ensemble de ces éléments pris de proche en proche permet de subdiviser l'espace qu'occupe le liquide par trois familles de surfaces se coupant deux à deux à angle droit. Ces surfaces ne supportent aucune action tangentielle. Elles sont pressées normalement, en quelque sorte comme si le liquide était d'une fluidité parfaite, avec cette différence pourtant que dans ce dernier cas les trois éléments plans en chaque point supporteraient des pressions égales, tandis qu'ici ils supportent des pressions représentées en grandeur par les trois axes de l'ellipsoïde de viscosité, axes généralement inégaux. Il existe des points pour lesquels deux de ces axes sont égaux. Tous ces points sont situés sur une surface, et il y a des points pour lesquels les trois axes sont égaux. Ces points forment une ligne. Sur cette ligne tout se passe rigoureusement comme si le fluide était parfait; car l'ellipsoïde de viscosité se réduit à une sphère, et les pressions sont normales et égales entre elles pour tous les éléments plans, sans exception, qu'on peut considérer en un point pris sur cette ligne.

Telles sont les notions qu'il était nécessaire d'établir d'abord, ou plutôt d'extraire de l'ouvrage de M. Lamé sur l'élasticité des corps solides pour les appliquer aux liquides. Il ne faut pas perdre de vue que toutes les vérités qui précèdent sont mathématiques; elles ne reposent sur aucune hypothèse et subsistent quel que soit le mouvement dont sont animés les liquides et quelque idée qu'on se fasse des réactions mutuelles des molécules qui les composent.

III. — *Propriétés générales du mouvement rectiligne indépendantes de l'expression des forces provenant de la viscosité.*

Direction du frottement ou action tangentielle entre deux filets liquides. — Considérons maintenant un courant dont toutes les molécules décrivent des lignes droites parallèles à l'axe des x, en sorte que

$$V = 0, \quad W = 0,$$

et, par suite, à cause de l'équation de continuité,

$$\frac{d\,U}{dx} = 0.$$

On appelle filet liquide l'ensemble des molécules qui se succèdent sur une ligne droite quelconque parallèle à la direction générale du courant, c'est-à-dire à l'axe des x. L'action tangentielle ou, comme nous dirons, le frottement entre deux filets contigus, aura nécessairement la direction de ces filets; en d'autres termes, si on considère un élément plan quelconque parallèle au fil de l'eau, l'action tangentielle qu'il subira sera parallèle à l'axe des x. Cette notion évidente et à l'abri de toute contestation nous permettra, à elle seule, de trouver les principales propriétés des courants rectilignes. Elle s'exprime, d'après les notations qui précèdent, par la relation

$$T_1 = o.$$

T_2 et T_3 exprimeront les actions tangentielles totales que subissent deux éléments plans parallèles au fil de l'eau et respectivement perpendiculaires aux z et aux y.

Action tangentielle sur un élément plan perpendiculaire au fil de l'eau. — On admet généralement comme évident qu'un courant rectiligne étant uniforme, un élément plan pris dans la section transversale du courant ne subit aucune action tangentielle. La loi des composantes réciproques montre que c'est là une erreur. Considérons, en effet, deux éléments plans, l'un perpendiculaire aux x, l'autre perpendiculaire aux y; ce dernier subit normalement à l'intersection commune une action tangentielle représentée par T_3; donc le premier subit perpendiculairement à cette intersection, c'est-à-dire parallèlement aux y, la même action tangentielle T_3. On verrait de la même manière que, parallèlement aux z, la composante de l'action tangentielle qu'il subit est T_2. Cette action tangentielle, que nous appellerons ϖ, ne saurait donc être nulle que si T_3 et T_2 l'étaient, c'est-à-dire si le liquide était d'une fluidité parfaite.

Construction géométrique pour obtenir l'action tangentielle sur un élément plan parallèle ou perpendiculaire au fil de l'eau. — Soit M un point quelconque du fluide; considérons (*fig.* 1) l'élément plan situé dans la section transversale $y\,Mz$ passant en ce point, et soit ϖ l'action tangentielle qu'il subit. D'après ce qui précède, la composante de ϖ suivant My représente en grandeur le frottement que subit un élément plan parallèle au fil de l'eau et perpendiculaire à My. Et comme l'axe de y a une direction arbitraire dans le plan de la section droite du courant, on peut dire que la grandeur du frottement que subit un élément plan parallèle au fil de l'eau est la projection sur la normale à cet élément plan de l'action tangentielle ϖ que subit l'élément passant au même point et perpendiculaire au courant. Quant à la direction de ce frottement, nous savons qu'elle est parallèle au fil de l'eau.

De là, la proposition suivante : si, sur la normale à chaque élément plan parallèle au fil de l'eau passant en un point M, on porte une grandeur égale au frottement qu'il subit, le lieu des extrémités des lignes ainsi obtenues est une circonférence de cercle passant au point **M**, et dont le diamètre aboutissant en ce point représente en grandeur et en direction l'action tangentielle que subit l'élément superficiel perpendiculaire au courant passant en ce même point.

Ainsi, connaissant les actions tangentielles sur deux éléments superficiels parallèles au fil de l'eau, on peut les trouver sur tous les autres éléments analogues et sur l'élément situé dans la section transversale du courant.

Cylindres à frottement maximum. — Puisque le frottement sur un quelconque des éléments parallèles au fil de l'eau qu'on peut faire passer au point M est le rayon vecteur de la circonférence Mϖ (*fig.* 1) qui lui est normal, on voit que c'est l'élément tangent à la circonférence qui subira le frottement maximum, et ce frottement sera précisément égal en grandeur à l'action tangentielle ϖ qui s'exerce sur l'élément passant en M normalement au courant. Par chaque point M de la section transversale y Mz passe ainsi un élément qui subit un frottement maximum; ces éléments prolongés de proche en proche traceront sur la section droite une famille de courbes, et comme tout est identique dans toutes les sections, on pourra subdiviser l'espace occupé par le liquide par une série de cylindres jouissant tous de cette propriété : qu'un élément superficiel pris sur l'un de ces cylindres subira un frottement plus grand que tous les autres éléments parallèles au fil de l'eau et passant au même point. Ce sont ces cylindres que j'appellerai *les cylindres à frottement maximum.*

Cylindres à frottement nul. — Si maintenant on considère l'élément plan passant par le diamètre Mϖ, le rayon vecteur perpendiculaire est nul, c'est-à-dire que cet élément ne subit aucune action tangentielle. L'ensemble de ces éléments réunis de proche en proche forme une seconde famille de cylindres que j'appellerai *les cylindres à frottement*

3

nul, parce que ces surfaces sont pressées normalement et ne subissent aucune action tangentielle.

Les cylindres à frottement maximum et les cylindres à frottement nul se coupent partout à angle droit.

Les cylindres à frottement nul sont nécessairement des plans, et les cylindres à frottement maximum, des surfaces équidistantes. — Nous avons vu que, quel que soit le mouvement d'un liquide, il existe toujours trois familles de surfaces se coupant deux à deux à angle droit et jouissant de la propriété de ne subir aucune action tangentielle. Ici nous connaissons déjà l'une de ces trois familles de surfaces; ce sont les cylindres à frottement nul que nous venons de trouver; donc les deux autres familles devraient être :

1° Une seconde série de cylindres dont les directrices seraient les trajectoires orthogonales des directrices des premières;

2° Les sections droites de ces cylindres, c'est-à-dire les sections transversales du courant.

Mais d'un autre côté il résulte de ce qui précède que les cylindres coupant à angle droit les cylindres à frottement nul, loin d'être pressés normalement, subissent au contraire en chacun de leurs points une action tangentielle maxima; que de même les sections transversales de ces cylindres subissent une action tangentielle ε qui ne saurait être nulle. Il semble donc que les fluides visqueux ne puissent pas se mouvoir par filets rectilignes et parallèles, puisque l'hypothèse d'un pareil mouvement conduit à la négation du système triple de surfaces ne recevant que des pressions normales, système dont l'existence est prouvée *à priori* pour tous les courants. Mais cette conclusion serait inexacte; car il est un cas où le système de surfaces triples dont il s'agit peut exister : c'est quand les cylindres à frottement nul se réduisent à des plans, ou, ce qui revient au même, quand les cylindres à frottement maximum sont équidistants; d'où il faudra conclure que le mouvement par filets parallèles n'est pas impossible, qu'il peut exister et que, de plus, quand il a lieu, une de ses propriétés les plus curieuses est *de n'admettre que des surfaces planes pour cylindres à frottement nul, ou, si l'on veut, de n'admettre que des cylindres à frottement maximum équidistants.*

Pour justifier, non pas cette dernière proposition qui est démontrée par le raisonnement qui précède, mais pour justifier la possibilité du mouvement par filets rectilignes et parallèles, il reste à prouver que quand les cylindres à frottement nul se réduisent à des plans, il est toujours possible de trouver deux autres familles de surfaces ne subissant pas d'action tangentielle et composant avec ces cylindres, ou plutôt avec ces plans, un système triplement orthogonal. C'est ce que nous établirons dans le chapitre suivant.

IV. — *Forme nécessaire de l'expression des forces provenant de la viscosité. — Propriétés générales qui en résultent pour le mouvement rectiligne des liquides.*

Expression nécessaire des forces provenant de la viscosité ou du frottement. — Considérons (*fig.* 1) un élément plan quelconque parallèle au fil de l'eau passant au point M; soient m et n les cosinus des angles que la normale My' à cet élément fait avec les axes de coordonnées My, Mz. Pour obtenir le frottement T que subit cet élément plan, il faut projeter sur My' les frottements T_3 et T_2 correspondant aux éléments plans perpendiculaires aux y et aux z. On aura donc

$$(2) \qquad T = mT_3 + nT_2.$$

C'est d'ailleurs aussi ce qui résulterait de la première des formules (II).

Nous pouvons obtenir une autre expression de T. Nous savons que cette force est indépendante de la pression; elle ne peut donc dépendre que de la vitesse V au point M et de la vitesse relative $\dfrac{d\,V}{dr}$ de deux molécules prises sur la normale à l'élément plan considéré, près des deux faces de cet élément et à une distance dr. Ordinairement on admet qu'elle ne dépend que de cette vitesse relative. Navier admettait qu'elle lui était proportionnelle; M. Darcy pense qu'elle est proportionnelle à $\left(\dfrac{d\,V}{dr}\right)^2$. Nous ne ferons à cet égard aucune hypothèse, et nous admettrons de plus, avec M. Bazin, que la vitesse V peut aussi entrer d'une

3..

manière quelconque dans l'expression de T. Nous poserons donc généralement

$$(3) \qquad T = \varphi \left(V, \frac{dV}{dr} \right).$$

Pour avoir T_3 et T_2, il suffira évidemment, dans l'expression (3), de remplacer successivement dr par dy et dz, en sorte que

$$(4) \qquad T_3 = \varphi \left(V, \frac{dV}{dy} \right),$$

$$(5) \qquad T_2 = \varphi \left(V, \frac{dV}{dz} \right).$$

D'ailleurs on a, d'après les règles ordinaires du calcul différentiel,

$$\frac{dV}{dr} = \frac{dV}{dy}\frac{dy}{dr} + \frac{dV}{dz}\frac{dz}{dr} = m\frac{dV}{dy} + n\frac{dV}{dz},$$

d'où

$$(6) \qquad T = \varphi \left(V, m\frac{dV}{dy} + n\frac{dV}{dz} \right).$$

Remplaçant dans l'équation (2) T, T_3, T_2 par les expressions (6), (4) et (5), il viendra

$$(7) \qquad \varphi \left(V, m\frac{dV}{dy} + n\frac{dV}{dz} \right) = m\varphi \left(V, \frac{dV}{dy} \right) + n\varphi \left(V, \frac{dV}{dz} \right).$$

Cette relation doit avoir lieu pour toutes les valeurs qu'il est possible d'attribuer à m et à n. Il ne peut en être ainsi que si l'on a

$$\varphi \left(V, \frac{dV}{dr} \right) = \psi(V) \times \frac{dV}{dr} = A\frac{dV}{dr},$$

A étant une fonction quelconque de V. Telle est donc l'expression nécessaire du frottement T :

$$(III) \qquad T = A\frac{dV}{dr}.$$

Impossibilité du principe de M. Darcy. — Si on suppose, comme on le faisait avant M. Bazin, T indépendant de la vitesse absolue, le coefficient A se réduit à une simple constante et on retombe sur le principe de Navier. Mais le principe de M. Darcy est mathématiquement impossible. On ne peut pas avoir

$$T = K \left(\frac{d V}{dr}\right)^2,$$

car cette expression serait incompatible avec l'équation nécessaire (7). On voit par là que le champ des hypothèses est beaucoup plus restreint qu'on ne pourrait le supposer d'abord.

Équidistance des courbes d'égale vitesse. — En vertu de la relation (III), pour que T puisse devenir nul, il faut que l'on ait

$$\frac{d V}{dr} = 0.$$

C'est donc là l'équation des cylindres à frottement nul. On voit qu'ils sont normaux aux cylindres dont l'équation est

$$V = \text{const.},$$

c'est-à-dire au cylindre d'égale vitesse. Ces derniers sont donc les cylindres à frottement maximum; et, par suite, d'après ce que nous avons vu précédemment, ils sont équidistants. Ainsi, *dans chaque section transversale, les courbes d'égale vitesse sont des lignes équidistantes, c'est-à-dire ayant même développée.*

Cette propriété remarquable est, comme toutes celles qui précèdent, rigoureusement vraie, elle ne repose sur aucune hypothèse. Elle se vérifie d'ailleurs très-bien sur les mouvements observés jusqu'ici. Je ne parle pas des tuyaux de conduite circulaires où elle est évidente. Mais M. Bazin a fait des expériences comparatives sur les tuyaux rectangulaires fermés (*fig.* 2 et 4) et sur la moitié de ces tuyaux découverts (*fig.* 3 et 5). Dans les premières, on reconnaît que les vitesses égales se répartissent très-sensiblement sur des rectangles (*) équidistants des parois

---

(*) NOTA. Les chiffres placés dans l'intérieur des rectangles représentent les vitesses observées aux points où ces chiffres sont placés. Les chiffres extérieurs donnent les abscisses et

du tuyau; tandis que dans les secondes les courbes d'égale vitesse ont des situations très-irrégulières. On en peut juger par les *fig.* 3 et 5 extraites de l'ouvrage de M. Bazin. C'est qu'en effet M. Bazin démontre que dans les canaux découverts le mouvement est loin d'être rectiligne. On remarque, en général, que vers le fond des canaux les courbes sont presque équidistantes, tandis que vers la surface elles deviennent très-divergentes; ce qui prouve que c'est vers la surface que le mouvement des molécules est le moins près du parallélisme. C'est, en effet, ce que M. Bazin a remarqué dans toutes ses expériences.

Détermination des trois familles de surfaces qui ne supportent que des pressions normales. — Les plans normaux aux cylindres d'égale vitesse forment une famille de surfaces ne subissant aucun frottement; pour que le mouvement rectiligne des liquides soit possible, il faut qu'il existe deux autres familles de surfaces jouissant de la même propriété et formant avec les plans dont il s'agit un système triplement orthogonal. Or, une famille de plans peut faire partie d'une infinité de systèmes triplement orthogonaux. Si, en effet, dans l'un des plans on trace deux systèmes de trajectoires orthogonales et qu'on imagine ensuite que ce plan roule sur la surface développable enveloppe des plans donnés, les deux systèmes de courbes engendreront deux familles de surfaces qui se couperont à angle droit entre elles et jouiront de la même propriété vis-à-vis des plans donnés. Or, je dis que parmi toutes les familles de surfaces qu'on peut engendrer ainsi, il en existera deux qui seront pressées normalement sans éprouver d'action tangentielle. En effet, soit M un point pris dans l'un quelconque des plans MN normaux aux cylindres d'égale vitesse; ce plan, ne subissant pas d'action tangentielle, coupera l'ellipsoïde de viscosité passant en M suivant une de ses sections principales, et les deux éléments plans rectangulaires dirigés suivant les deux autres sections principales n'éprouveront pas non plus d'action tangentielle; ces éléments superficiels traceront sur

---

les ordonnées. J'ai laissé les courbes d'égale vitesse telles qu'elles ont été tracées par M. Bazin. On voit que ce tracé n'est qu'approximatif. C'est une interpolation. L'auteur a cru devoir arrondir les angles des courbes; mais, malgré cela et bien qu'il ignorât la loi de l'équidistance dont il est question dans ce Mémoire, on voit que, pour les tuyaux fermés, il est arrivé à des courbes très-sensiblement équidistantes du contour du tuyau.

le plan MN deux éléments de lignes rectangulaires; l'ensemble de tous les éléments analogues pris de proche en proche traceront sur le plan MN deux systèmes de trajectoires orthogonales. Si maintenant on fait rouler le plan MN sur le cylindre développé des cylindres d'égale vitesse, ces deux systèmes de trajectoires engendreront des surfaces orthogonales aux plans MN; il reste à démontrer que partout ces surfaces n'éprouveront que des pressions normales. Pour cela, il suffira évidemment de prouver que si M'N' est une nouvelle position du plan mobile MN, le point M étant venu en M', et si on cherche en ce dernier point, comme on l'a fait en M, la direction des deux sections principales de l'ellipsoïde de viscosité, normales à M'N', on trouvera qu'elles ont même inclinaison sur la direction générale du courant qu'en M. Or, ces directions sont celles des axes de l'ellipse principale suivant laquelle le plan M'N' coupe l'ellipsoïde de viscosité passant en M'. L'équation de cette ellipse se trouvera facilement. Prenons à cet effet, dans le plan M'N' (*fig.* 6), deux axes rectangulaires M'X, M'Y, dont le premier soit dirigé suivant le courant, et considérons un prisme triangulaire de longueur infiniment petite dont la base soit le triangle abM'. Soient l et m les cosinus des angles que la face inclinée ab fait avec les axes, X et Y les projections de la force totale agissant sur ab (cette force est nécessairement située dans le plan XM'Y, celui-ci étant un plan de symétrie de l'ellipsoïde de viscosité); soient enfin ϖ la composante tangentielle qui est la même pour les deux éléments superficiels M'a et M'b et p la pression normale que nous démontrons plus loin (p. 43) être aussi la même pour ces deux éléments. Les équations d'équilibre du prisme M'ab seront

$$X = l\varpi + mp,$$
$$Y = lp + m\varpi.$$

L'équation de l'ellipse principale que nous cherchons s'obtiendra par l'élimination de l et m entre les deux équations ci-dessus et celle-ci :

$$l^2 + m^2 = 1.$$

Cette élimination donne

$$(\varpi^2 + p^2)(X^2 + Y^2) - 4\varpi p XY = 1.$$

Si θ est l'inclinaison de l'un des axes de cette ellipse sur l'axe M'X, on aura

$$\tang 2\theta = \frac{-4\,\varepsilon\,p}{0} = \infty,$$

d'où

$$\theta = \frac{\varpi}{4}.$$

Ainsi, l'inclinaison des axes de cette ellipse sur la direction du courant est de 45 degrés : elle est donc indépendante de la position du plan M'N', ce qu'il fallait démontrer.

On voit de plus que pour avoir les deux familles de surfaces qui, avec les plans MN ne recevront que des pressions normales, il suffit, dans l'un des plans MN, de tracer une série de droites parallèles et inclinées à 45 degrés sur le courant, une série de droites perpendiculaires aux précédentes, et les surfaces réglées qu'engendreront ces lignes, lorsque le plan MN roule sur la surface développée des cylindres d'égale vitesse, sont les surfaces cherchées.

Dans les tuyaux de conduite, ce sont des cônes de révolution dont l'angle au sommet est de 90 degrés.

V. — *Distribution des vitesses dans un courant à filets rectilignes et parallèles, quel que soit le périmètre mouillé.*

Propositions fondamentales. — On établit en Hydraulique sur les courants à filets rectilignes et parallèles deux propositions fondamentales, savoir :

1° *La pression (ou charge, s'il s'agit des conduites) décroît proportionnellement au chemin parcouru suivant la direction du courant.*

2° *La pression dans une section transversale quelconque varie suivant la loi hydrostatique, c'est-à-dire, quand il s'agit des liquides pesants, qu'en un point quelconque d'une section déterminée elle est proportionnelle à la distance de ce point à un plan horizontal fixe.*

Ces propositions sont vraies; mais la démonstration qu'on en donne ordinairement est inexacte, parce qu'on applique aux liquides vis-

queux le principe de l'égalité de transmission des pressions qui ne leur
est pas applicable, et que de plus on admet que dans une section
transversale du courant, il n'y a pas d'action tangentielle, ce qui est
inexact.

On déduit une démonstration rigoureuse des formules I (p. 12) où
l'on doit faire

$$V = o, \quad W = o, \quad \frac{d U}{dx} = o, \quad T_1 = o.$$

De plus, comme T_3 et T_2 ne dépendent que de U et $\frac{d U}{dx}$, on a

$$\frac{d T_3}{dx} = o,$$

et de même

$$\frac{d T_2}{dx} = o.$$

Si de plus il ne s'agit que des fluides pesants, on fera

$$\rho X_0 = \Pi \sin j, \quad \rho Y_0 = o, \quad \rho Z = \Pi \cos j,$$

j étant l'inclinaison sur la verticale du courant, et Π étant le poids de
l'unité de volume du liquide. Par suite de ces substitutions, les formules I deviendront

$$\frac{d N_1}{dx} + \frac{d T_3}{dy} + \frac{d T_2}{dz} = \Pi \sin j,$$
$$\frac{d N_2}{dy} = o,$$
$$\frac{d N_3}{dz} = \Pi \cos j.$$

Nous démontrerons d'ailleurs plus loin (p. 39) que l'on a

$$N_1 = N_2 = N_3.$$

Soit p la valeur commune de ces forces, les équations ci-dessus deviendront

$$\frac{dp}{dx} + \frac{d T_3}{dy} + \frac{d T_2}{dz} = \Pi \sin j,$$
$$\frac{dp}{dy} = o,$$
$$\frac{dp}{dz} = \Pi \cos j.$$

Dans la première, tous les termes sont indépendants de x, sauf $\frac{dp}{dx}$; il faut donc qu'il en soit de même de celui-ci, ce qui démontre le premier théorème énoncé. Le second résulte immédiatement des deux dernières équations.

Équation différentielle donnant la vitesse en un point quelconque, indépendamment de toute hypothèse particulière sur la fonction du frottement. — Pour obtenir l'équation aux vitesses, le moyen le plus simple est d'exprimer l'équilibre d'un cylindre de longueur quelconque l pris dans la masse fluide et ayant pour base une courbe d'égale vitesse. Ce cylindre donnera non-seulement une valeur constante pour V, mais aussi pour $\frac{d\mathrm{V}}{dr}$ sur tous les points de sa surface; cela tient au parallélisme de toutes les surfaces analogues; par suite, le frottement sera constant et égal à ε sur toute l'étendue de la paroi du cylindre.

Le frottement total sur cette paroi sera donc (*fig.* 7)

$$\varepsilon s l,$$

s étant le périmètre de la courbe de base. Soient p' et p les pressions normales sur les centres de gravité des deux bases et ω leur aire commune. En vertu de la proposition 2, la différence des pressions sur ces bases sera

$$\omega(p' - p).$$

Enfin le poids du cylindre projeté sur son axe sera

$$\Pi \omega l \cos j,$$

j étant l'inclinaison du courant sur la verticale. On aura donc l'équation

$$\varepsilon s l + \omega(p' - p) - \Pi \omega l \cos j = 0,$$

ou

$$\varepsilon s l = \Pi \omega \left(l \cos j - \frac{p - p'}{\Pi} \right).$$

Soient g et g' les centres de gravité des bases; z et z' leurs distances ga et $g'a'$ à une horizontale. Soient enfin $ga = \frac{p}{\Pi}$ et $g'a' = \frac{p'}{\Pi}$ les hauteurs représentatives des pressions. On aura

$$l \cos j = z' - z$$

et

$$\mathfrak{E} s l = \Pi \omega \left[\left(z' - \frac{p'}{\Pi} \right) - \left(z - \frac{p}{\Pi} \right) \right] = \Pi \omega (\alpha' \beta),$$

ou

$$\mathfrak{E} = \Pi \frac{\omega}{s} \times \frac{\alpha' \beta}{l}.$$

Mais $\dfrac{\alpha' \beta}{l}$ est constant en vertu de la proposition 1 : c'est la perte de charge par unité de longueur que nous appellerons i. Cette constance est d'ailleurs prouvée par la dernière relation elle-même, car si on avait pris une autre portion l_1 du même cylindre, on serait arrivé à

$$\mathfrak{E} = \Pi \frac{\omega}{s} \times \frac{\alpha'_1 \beta_1}{l_1},$$

ce qui exige que

$$\frac{\alpha' \beta}{l} = \frac{\alpha'_1 \beta_1}{l_1} = \text{const.} = i.$$

On aura donc définitivement

$$(8) \qquad \mathfrak{E} = \Pi \frac{\omega}{s} i$$

ou

$$(8 \; bis) \qquad \mathfrak{E} = \Pi \rho i,$$

en posant $\dfrac{\omega}{s} = \rho$. On voit que la quantité ρ, rapport de l'aire au périmètre de l'une quelconque des courbes d'égale vitesse, qu'on appelle ordinairement le rayon moyen, est ici variable : c'est le *paramètre* qui caractérise celles des courbes d'égale vitesse que l'on considère, c'est *une coordonnée* de cette courbe.

La relation ($8 \; bis$) que nous venons de trouver est très-remarquable par sa généralité et sa simplicité ; elle ne repose sur aucune hypothèse du frottement.

Nous avons trouvé plus haut une autre expression de $\mathfrak{E}$ (p. 20),

4..

savoir :

$$\varsigma = A\,\frac{d\,V}{dr}\cdot$$

Égalant ces deux valeurs, il viendra

$$(9) \qquad A\,\frac{d\,V}{dr} = \Pi\,i\,\rho$$

pour l'équation différentielle qui détermine la vitesse en un point quelconque du liquide. dr désigne ici une longueur dirigée suivant la normale à la surface d'égale vitesse au paramètre ρ.

Intégration de l'équation aux vitesses. — Cette équation peut s'intégrer quel que soit le contour curviligne ou polygonal du courant et sans faire aucune hypothèse particulière sur la fonction A. Pour cela nous allons lui faire subir différentes transformations. Et d'abord, soit $F(V)$ une fonction de la vitesse telle, que sa dérivée

$$\frac{d\,F(V)}{d\,V} = A.$$

On aura, d'après l'équation (9),

$$\frac{d\,F(V)}{d\,V}\,\frac{d\,V}{dr} = \Pi\,i\,\rho,$$

ou

$$d\,F(V) = \Pi\,i\,\rho\,dr,$$

ou enfin

$$(10)\cdot \qquad F(V) - F(V_0) = \Pi\,i\,\int_{r_0}^{r}\rho\,dr,$$

r étant la distance normale entre la courbe quelconque de vitesse V et une courbe d'égale vitesse fixe, et r_0 la distance analogue pour la courbe de vitesse V_0. ρ, qui est le rapport $\frac{\omega}{s}$ de l'aire au périmètre d'une courbe d'égale vitesse quelconque, est une fonction de r. Cette fonction, à cause de l'équidistance des courbes d'égale vitesse, est très-facile à déterminer. On reconnaît très-aisément que la longueur s de l'une quelconque de ces courbes distante de la longueur r d'une courbe fixe est

$$s = s_0 + e(r - r_0),$$

s_0 et r_0 étant des valeurs de s et de r relatives à cette courbe fixe, e la différence des angles que forment ses normales extrêmes avec un axe fixe; que l'on a de même pour la surface mouillée de l'une des courbes d'égale vitesse

$$\omega = \omega_0 + s_0(r - r_0) + \frac{1}{2} e(r - r_0)^2$$

et

$$\rho = \frac{\omega}{s} = \frac{\omega_0 + s_0(r - r_0) + \frac{1}{2} e(r - r_0)^2}{s_0 + e(r - r_0)}.$$

Par suite l'équation (10) devient

$$(11) \qquad F(V) - F(V_0) = \Pi i \int_{r_0}^{r} \frac{\omega_0 + (r - r_0) s_0 + \frac{1}{2} e(r - r_0)^2}{s_0 + e(r - r_0)} \, dr.$$

L'intégrale du second membre se trouve facilement et donne définitivement

$$(IV) \quad \left\{ \begin{aligned} F(V) - F(V_0) = \Pi i \left\{ \frac{1}{2}(r - r_0)^2 + \frac{s_0}{2e}(r - r_0) \right. \\ \left. + \left(\frac{\omega_0}{e} - \frac{s_0^2}{2e^2} \right) \log n.p \left[\frac{s_0 + e(r - r_0)}{s_0} \right] \right\}. \end{aligned} \right.$$

Telle est l'équation générale qui fournit la vitesse en un point quelconque quand on connaît la vitesse V_0 le long d'une courbe d'égale vitesse ayant pour périmètre s_0 et pour aire ω_0. Elle ne repose sur aucune hypothèse. La fonction $F(V)$ qui y entre dépend uniquement de l'idée qu'on se fait du frottement; mais quelle que soit cette idée, l'équation ci-dessus subsiste dans son ensemble. Si l'on admettait, par exemple, avec Navier, que le frottement fût proportionnel à la vitesse relative, on aurait simplement

$$F(V) = \varepsilon V,$$

le coefficient ε devant être déterminé expérimentalement. Mais, comme je l'ai dit en commençant, la fonction $F(V)$ devra être déterminée de toutes pièces par la comparaison de la relation (IV) avec l'expérience. La forme de cette fonction reste la même pour un liquide déterminé, quelles que soient les conditions particulières de l'écoulement. Cette fonction déterminée une fois pour toutes, l'équation (IV) donne toutes les lois les plus générales de mouvement par filets rectilignes et parallèles, quelle que soit la courbe formant le périmètre mouillé.

La vitesse V_0 qui y entre dépend du frottement contre la paroi. C'est donc seulement par la constante $F(V_0)$ qu'interviendra la nature de la paroi.

Cas où le périmètre mouillé est polygonal. — Il nous reste maintenant, pour compléter la solution, à intégrer l'équation (11) dans le cas où le périmètre mouillé est polygonal. Alors les lignes d'égale vitesse sont des polygones équidistants, et l'on reconnaît facilement qu'on arriverait encore à l'équation intégrale (IV) trouvée ci-dessus; seulement la lettre e, au lieu de représenter l'angle des normales extrêmes, aurait une signification que voici :

Soient a_0, a_1, a_2,..., a_n les angles extérieurs aux différents sommets du polygone d'égale vitesse fixe de longueur s_0 et de section ω_0, on aura

$$(12) \qquad e = 2 \left(\operatorname{tang} \frac{a_0}{2} + \operatorname{tang} \frac{a_1}{2} + \ldots + \operatorname{tang} \frac{a_n}{2} \right) = 2 \sum \operatorname{tang} \frac{a}{2}.$$

Cas des tuyaux de forme cylindrique à base quelconque. — Dans les tuyaux, l'expérience semble montrer que l'écoulement se fait par filets rectilignes et parallèles. Un des cylindres d'égale vitesse est, dans ce cas, le tuyau lui-même. Tous les autres lui sont donc parallèles, et la répartition des vitesses se trouve par l'équation (IV). Toutes les courbes de même vitesse étant, dans ce cas, fermées, on a $e = 2\pi$. L'équation (IV) se simplifie d'ailleurs en comptant les r à partir de la courbe V_0, ce qui permet de faire $r_0 = 0$.

Conduite circulaire. — Pour la conduite circulaire, en supposant que V_0 soit la vitesse du filet central et que les r se comptent depuis ce filet, on a

$$r_0 = s_0 = l_0 = 0,$$

et l'équation (IV) se réduit à

$$(13) \qquad F(V) - F(V_0) = \frac{\Pi \, i r^2}{4},$$

r étant la distance du point dont la vitesse est V au filet central.

Conduite formée par un polygone régulier. — Cette même équation s'applique aux conduites formées par un polygone régulier quelconque, car on peut encore faire dans ce cas

$$r_0 = s_0 = l_0 = 0;$$

seulement r représente alors non plus la distance de la molécule que l'on considère au centre, mais l'apothème du polygone d'égale vitesse dont le point occupé par cette molécule fait partie.

Conduite rectangulaire. — M. Bazin a fait des expériences sur deux conduites rectangulaires. Soient donc a le plus grand et b le plus petit des côtés du rectangle. Supposons que V_0 soit la vitesse le long du rectangle central ayant pour côté $a - b$ et o, et comptons les r à partir de la ligne droite à laquelle se réduit ce rectangle : on aura

$$r_0 = 0, \quad \omega_0 = 0, \quad s_0 = 2(a - b),$$

et enfin

$$e = 2 \sum \tan \frac{a}{2} = 8.$$

L'équation (IV) devient

$$(14) \quad F(V) - F(V_0) = \frac{\Pi \, i}{4} \left[r^2 + \frac{(a-b)\,r}{2} - \frac{(a-b)^2}{8} \log n \cdot p \left(\frac{a - b + 4r}{a - b} \right) \right].$$

On pourrait multiplier ces applications ; mais elles sont toutes contenues dans la formule (IV), en sorte qu'il est inutile d'insister davantage.

VI. — *Détermination expérimentale de la fonction* $F(V)$. — *Lois du frottement de deux filets liquides.* — *Formule de la répartition des vitesses indépendante de la nature et du diamètre des tuyaux.*

Nous avons maintenant à déterminer la fonction $F(V)$, de laquelle dépendent les lois du frottement entre deux filets liquides contigus. Nous nous servirons pour cela des expériences faites par M. Darcy sur les tuyaux circulaires. La formule applicable à ces tuyaux est, comme nous l'avons vu,

$$(15) \qquad F(V) - F(V_0) = \frac{\Pi}{4} r^2 i,$$

en désignant par r la distance d'une molécule dont la vitesse est V au filet central dont la vitesse est V_0. i est d'ailleurs la perte de charge par unité de longueur.

Ceci posé, M. Darcy a étudié la distribution des vitesses dans cinq tuyaux en fonte, savoir :

1° Un tuyau en fonte neuve de $0^m,188$ de diamètre ;

2° Un tuyau recouvert de dépôts de $0^m,2432$ de diamètre ;

3° Le précédent nettoyé de $0^m,2447$ de diamètre ;

4° Un tuyau très-bien nettoyé de $0^m,297$ de diamètre ;

5° Un tuyau en fonte neuve de $0^m,50$ de diamètre.

Chacun de ces tuyaux a été expérimenté pour des valeurs de la pente ou perte de charge i variant entre des limites très-étendues. Pour chaque pente on a observé :

1° La vitesse centrale V_0 correspondant à $r = 0$;

2° Les vitesses V' et V'' pour deux valeurs particulières r' et r'' de r correspondant généralement aux points situés au tiers et aux deux tiers du rayon de la conduite.

Pour appliquer les résultats obtenus à la détermination de la fonction $F(V)$, je remarque qu'on peut écrire approximativement

$$F(V) - F(V_0) = (V - V_0)\frac{F'(V_0)}{1} + \frac{(V - V_0)^2}{1 \cdot 2} F''(V_0),$$

ou, en vertu de la relation (15),

$$\frac{\Pi}{4} r^2 i = (V - V_0) F'(V_0) + \frac{(V - V_0)^2}{2} F''(V_0).$$

Chaque expérience nous donnera donc les deux équations

$$(16) \quad \begin{cases} \dfrac{\Pi}{4} r'^2 i = (V' - V_0) F'(V_0) + \dfrac{(V' - V_0)^2}{2} F''(V_0), \\[2mm] \dfrac{\Pi}{4} r''^2 i = (V'' - V_0) F'(V_0) + \dfrac{(V'' - V_0)^2}{2} F''(V_0), \end{cases}$$

où tout est connu, sauf $F'(V_0)$ et $F''(V_0)$. Nous pouvons donc déterminer numériquement ces deux fonctions pour les diverses valeurs observées de V_0.

Voici un tableau donnant ces valeurs.

La colonne 1 donne les numéros des expériences (*).

La colonne 2 donne les pentes i sur lesquelles les expériences ont été faites.

La colonne 3 les distances au centre des points auxquels on a observé la vitesse dans chaque expérience (ces distances sont les mêmes pour toutes les expériences faites sur un même tuyau).

La colonne 4 donne les vitesses correspondantes aux distances r portées à la colonne 3. Les vitesses correspondantes à $r = 0$ sont celles que nous appelons V_0 quand nous voulons les désigner d'une manière spéciale.

La colonne 5 donne les valeurs de $F'(V_0)$ calculées d'après les équations (16) et changées de signe.

Dans la colonne 6 on a reproduit les valeurs de la variable V_0 correspondantes aux valeurs de la fonction $F'(V_0)$ portées à la colonne 5.

Enfin, pour mieux suivre la marche de la fonction $F'(V_0)$, on l'a représentée graphiquement dans la colonne 7 pour chaque tuyau, les abscisses étant V_0 et les ordonnées $- F'(V_0)$.

(*) Ces numéros d'ordre ne sont pas ceux que portent les mêmes expériences dans l'ouvrage de M. Darcy. Nous avons pris, pour les désigner, la suite naturelle des nombres.

5

NUMÉROS des expériences.	l	r	V	$-F'(V_0)$	V_0	REPRÉSENTATION GRAPHIQUE DE $-F'(V_0)$.
1	2	3	4	5	6	7

D = 0,188

NUMÉROS des expériences.	l	r	V	$-F'(V_0)$	V_0
1	0,00368	0,0000 0,0325 0,0637	0,885 0,845 0,760	0,01975	0,885
2	0,00805	" " "	1,303 1,244 1,131	0,02760	1,303
3	0,01340	" " "	1,747 1,673 1,493	0,04358	1,747
4	0,02250	" " "	2,280 2,174 1,937	0,04711	2,280
5	0,03810	" " "	2,922 2,798 2,515	0,07367	2,922
6	0,1098	" " "	5,082 4,876 4,340	0,13711	5,082

D = 0,2432

NUMÉROS des expériences.	l	r	V	$-F'(V_0)$	V_0
7	0,00202	0,000 0,044 0,088	0,575 0,538 0,456	0,0243	0,575
8	0,00473	" " "	0,876 0,811 0,694	0,0277	0,876
9	0,0229	" " "	1,883 1,753 1,489	0,0698	1,883
10	0,0320	" " "	2,273 2,118 1,771	0,0890	2,273
11	0,13981	" " "	4,593 4,275 5,689	0,1585	4,593

D = 0,2447

NUMÉROS des expériences.	l	r	V	$-F'(V_0)$	V_0
12	0,00165	0,000 0,052 0,102	0,630 0,601 0,531	0,0143	0,630
13	0,00498	" " "	1,103 1,045 0,917	0,0383	1,103
14	0,02035	" " "	2,230 2,105 1,877	0,0773	2,230
15	0,11343	" " "	5,212 4,935 4,419	0,1587	5,212

D = 0,297

NUMÉROS des expériences.	l	r	V	$-F'(V_0)$	V_0
16	0,0007	0,000 0,052 0,102	0,435 0,410 0,355	0,0179	0,435
17	0,00617	" " "	1,418 1,356 1,230	0,0551	1,418
18	0,01125	" " "	1,931 1,839 1,666	0,0637	1,931
19	0,02251	" " "	2,708 2,590 2,355	0,1048	2,708

D = 0,50

NUMÉROS des expériences.	l	r	V	$-F'(V_0)$	V_0
20	0,0006	0,000 0,09 0,17	0,571 0,535 0,477	0,0287	0,571
21	0,0125	" " "	0,919 0,869 0,796	0,0337	0,919
22	0,00260	" " "	1,319 1,249 1,133	0,0594	1,319

On voit que pour chaque conduite la fonction $F'(V_0)$ est représentée très-exactement par une ligne droite allant à l'origine des coordonnées.

Soit 2ε le coefficient angulaire de l'une quelconque de ces droites, on aura

$$F'(V_0) = -2\varepsilon V_0,$$

ou, en supprimant maintenant l'indice de la variable,

$$F'(V) = -2\varepsilon V,$$

d'où

$$F(V) = -\varepsilon V^2 + \text{const.}$$

et

$$(17) \qquad F(V) - F(V_0) = \varepsilon(V_0^2 - V^2) = \frac{\Pi}{4} r^2 t.$$

C'est là la formule qui donne la distribution des vitesses.

Dans cette formule, ε est le coefficient angulaire des lignes droites figurées à la colonne 7 du tableau ci-dessus. On voit que ces lignes, quoique peu éloignées du parallélisme, ne sont pas cependant rigoureusement parallèles, c'est-à-dire que ε n'est pas rigoureusement constant. On reconnaît d'ailleurs facilement, en suivant bien les résultats numériques fournis par M. Darcy, qu'aucune fonction à coefficients constants mise à la place de $F(V)$ ne peut conduire à une formule répondant parfaitement aux expériences; et comme la formule que nous avons trouvée est nécessairement exacte pour le mouvement rectiligne, il faut conclure que les mouvements observés par M. Darcy ne sont pas rectilignes. C'est d'ailleurs, comme nous l'avons vu précédemment, ce que M. Darcy dit lui-même. Mais de toutes les fonctions que l'on pourrait mettre à la place de $F(V)$, la plus satisfaisante est, comme on en juge immédiatement par la représentation graphique de la colonne 7, celle que nous avons adoptée. D'où l'on peut conclure que très-probablement, si l'on avait des expériences précises sur des mouvements véritablement rectilignes, la formule (17) en comprendrait tous les résultats, le coefficient ε restant constant. On arriverait ainsi à cette loi :

L'action mutuelle de deux filets fluides contigus est proportionnelle au produit de la vitesse absolue en chaque point par la vitesse relative.

De nouvelles expériences faites en petit et avec précision seraient indispensables pour s'assurer de l'exactitude de cette loi ou en trouver une autre si celle-ci n'était pas la vraie, pour découvrir, en un mot, la fonction $F(V)$. On conçoit toute l'importance qu'il y aurait à cela; car cette fonction connue d'une manière certaine, on aurait une définition des fluides naturels. La première des difficultés que j'ai indiquée en commençant disparaîtrait : on pourrait, comme nous le verrons, écrire les équations générales du mouvement de ces fluides; le reste ne serait plus qu'une difficulté d'analyse; mais du moins on aurait une base certaine; on ne marcherait plus au hasard comme maintenant, où chaque nouvelle expérience dément tout ce que l'on croyait savoir, où, suivant l'expression de M. Bazin, « la question se complique et s'obscurcit davantage à mesure que de nouvelles expériences plus nombreuses et plus précises paraîtraient devoir y jeter une plus grande lumière (*). »

(*) Dans un autre Mémoire sur le même sujet, mais tendant plus immédiatement à un but pratique, inséré aux *Annales des Ponts et Chaussées*, j'ai montré que le coefficient ε varie proportionnellement à $\sqrt{r}$, en sorte que l'on a, dans les tuyaux de conduite d'eau,

$$\varepsilon = K\sqrt{r}.$$

et, par suite,

$$K\sqrt{r}(V_0^2 - V^2) = \frac{11}{2} r^2 i,$$

ou, tous calculs faits,

$$(d) \qquad V_0^2 - V^2 = 2640\, r^{\frac{3}{2}} i.$$

J'ai déduit de cette formule la vitesse moyenne; j'ai indiqué, par des calculs numériques très-détaillés, inutiles à reproduire ici parce qu'ils intéressent surtout les ingénieurs, que mes résultats cadrent parfaitement avec les expériences de M. Darcy, et j'ai donné une table à simple entrée qui permet de résoudre toutes les questions relatives aux conduites d'eau. La formule (d) remplace la formule (c) (p. 5) de M. Darcy, et elle a ceci de remarquable qu'elle reproduit tous les résultats numériques des expériences sans qu'il soit nécessaire de faire intervenir, comme a fait M. Darcy, le rayon de la conduite. La variation de ε avec r se comprend beaucoup mieux que sa variation avec le rayon R des tuyaux. En effet, si le mouvement était rigoureusement rectiligne, ε serait constant. Ses variations doivent donc dépendre uniquement du degré de sinuosité des filets fluides; or, cette sinuosité augmente à mesure qu'on s'éloigne de l'axe, c'est-à-dire à mesure que r augmente lui-même. Voilà pourquoi ε croît avec r. Le coefficient $\sqrt{r}$ est, en quelque sorte, un coefficient de correction apporté à la formule théorique du mouvement rectiligne pour tenir compte de la flèche des filets fluides. C'est ainsi qu'il doit être considéré. Si l'on voulait en déduire une

De la formule (17) on déduit facilement l'expression de la vitesse moyenne u. On a, en effet,

$$u = \frac{2}{R^2} \int_0^R V r\, dr,$$

ou

$$u = \frac{-8\varepsilon}{\Pi R^2} \int_{V_0}^W V^2 dV,$$

ou

$$(18) \qquad u = \frac{8\varepsilon(V_0^3 - W^3)}{3\,\Pi\, i\, R^2},$$

W désignant la vitesse à la paroi. L'expérience montre, et cela s'explique très-facilement, qu'on a sensiblement

$$(19) \qquad W^2 = \alpha R i,$$

α étant une constante. Au moyen des formules (17), (18), (19) on peut résoudre toutes les questions relatives à un courant symétrique autour d'un axe.

VII. — *Équations générales du mouvement des fluides naturels.*

Nous avons vu (p. 12) que pour obtenir les équations générales du mouvement des fluides naturels, il suffit d'exprimer les neuf fonctions qui entrent dans les équations (I) au moyen de quatre d'entre elles. C'est ce que nous allons faire maintenant.

---

expression de l'action mutuelle de deux filets fluides, comme a fait M. Darcy pour sa formule (c), on arriverait facilement à cet énoncé : Tout se passe, dans les conduites d'eau, comme si le mouvement était rigoureusement rectiligne et que l'action mutuelle de deux filets fluides fût proportionnelle au produit de la vitesse absolue de chaque filet par sa vitesse relativement au filet voisin et par la racine carrée de sa distance à l'axe de la conduite. Mais de semblables lois sont bien plus nuisibles qu'utiles à énoncer, parce qu'on les trouve changeantes avec toute circonstance nouvelle, et alors il arrive ce que dit M. Bazin : « La question se complique et s'obscurcit davantage à mesure que de nouvelles expériences plus nombreuses et plus précises paraîtraient devoir y jeter une plus grande lumière. »

Soient N_i et T_i, où l'indice i peut prendre les valeurs 1, 2, 3, les six
forces qui entrent dans les équations (I). Si le fluide que nous étudions
était d'une fluidité parfaite, on aurait

$$T_1 = T_2 = T_3 = 0 \quad \text{et} \quad N_1 = N_2 = N_3 = p,$$

p désignant la pression en un point de ce fluide. Les six fonctions T_i et $N_i - p$ sont donc de même ordre de grandeur. Elles s'annulent toutes les six dans les fluides parfaits ; elles s'annulent encore
dans les fluides naturels en repos ; elles ne deviennent appréciables que
quand ceux-ci se mettent en mouvement et dépendent en chaque point
de la vitesse en ce point et dans ses environs, c'est-à-dire qu'elles
dépendent des trois fonctions U, V, W et de leurs neuf dérivées partielles par rapport aux coordonnées x, y, z. On peut toujours admettre,
comme première approximation, qu'elles sont linéaires par rapport à
ces dérivées, et cela est d'autant mieux permis ici que l'équation (III)
trouvée plus haut justifie complétement cette manière de faire dans le
cas du mouvement rectiligne. Mais on prouve alors facilement, comme
l'a fait M. Lamé pour les corps solides élastiques (*), que ces fonctions
ont nécessairement la forme

$$N_i - p = A_i \frac{dU}{dx} + B_i \frac{dV}{dy} + C_i \frac{dW}{dz} + D_i \left(\frac{dV}{dz} + \frac{dW}{dy} \right) + E_i \left(\frac{dW}{dx} + \frac{dU}{dz} \right)$$
$$+ F_i \left(\frac{dU}{dy} + \frac{dV}{dx} \right),$$

$$T_i = \mathcal{A}_i \frac{dU}{dx} + \mathcal{B}_i \frac{dV}{dy} + \Gamma_i \frac{dW}{dz} + \Delta_i \left(\frac{dV}{dz} + \frac{dW}{dy} \right) + \mathcal{E}_i \left(\frac{dW}{dx} + \frac{dU}{dz} \right)$$
$$+ \mathcal{F}_i \left(\frac{dU}{dy} + \frac{dV}{dx} \right).$$

Il y a entre les corps solides élastiques et les fluides cette différence
que, dans les premiers, les trente-six coefficients A_i, B_i, C_i,...., $\mathcal{A}_i$,
$\mathcal{B}_i$, Γ_i,... sont constants ; tandis qu'ici ce sont trente-six fonctions
quelconques des trois composantes U, V, W de la vitesse.

(*) LAMÉ, *Leçons sur la théorie mathématique de l'élasticité des corps solides*, p. 36,
1re édition, 1852.

Les relations ci-dessus ne dépendent que du mouvement du fluide ; mais elles sont évidemment indépendantes du choix des axes de coordonnées, c'est-à-dire que si l'on prenait trois nouveaux axes des x', des y', des z', que l'on désignât par U', V', W' les composantes de la vitesse suivant ces nouveaux axes, par N'_i, T'_i les forces analogues aux N_i et T_i, on devrait avoir les nouvelles formules

$$N'_i - p = A'_i \frac{dU'}{dx'} + B'_i \frac{dV'}{dy'} + C'_i \frac{dW'}{dz'} + D'_i \left(\frac{dV'}{dz'} + \frac{dW'}{dy'} \right)$$
$$+ E'_i \left(\frac{dW'}{dx'} + \frac{dU'}{dz'} \right) + F'_i \left(\frac{dU'}{dy'} + \frac{dV'}{dx'} \right),$$

$$T'_i = \mathcal{A}'_i \frac{dU'}{dx'} + \mathcal{B}'_i \frac{dV'}{dy'} + \Gamma'_i \frac{dW'}{dz'} + \Delta'_i \left(\frac{dV'}{dz'} + \frac{dW'}{dy'} \right)$$
$$+ \mathcal{E}'_i \left(\frac{dW'}{dx'} + \frac{dU'}{dz'} \right) + \mathcal{F}'_i \left(\frac{dU'}{dy'} + \frac{dV'}{dx'} \right),$$

dans lesquelles les coefficients A'_i, B'_i, $C'_i,\ldots,\mathcal{A}'_i$, $\mathcal{B}'_i$, $\Gamma'_i,\ldots$ seraient composés en U', V', W' comme leurs correspondants A_i, B_i, $C_i,\ldots,$ $\mathcal{A}_i$, $\mathcal{B}_i$, $\Gamma_i,,\ldots$ le sont en U, V, W.

Ceci étant, les nouveaux axes étant donnés de position, on peut écrire les relations linéaires qui donnent x', y', z' en fonction de x, y, z ; on écrira de même les relations linéaires qui donnent U', V', W' en fonction de U, V, W. On portera les valeurs de U', V', W' dans les coefficients A'_i, $B'_i,\ldots,$ $\mathcal{A}'_i$, $\mathcal{B}'_i,\ldots$ qui sont composés en U', V', W' comme leurs correspondants sans accent sont composés en U, V, W. On pourra ensuite former les neuf dérivées partielles $\dfrac{d(U', V', W')}{d(x', y', z')}$ en fonction des dérivées $\dfrac{d(U, V, W)}{d(x, y, z)}$. Enfin, au moyen des formules II (p. 12) on pourra exprimer les N'_i et T' en fonction des N_i et T_i. La substitution de ces valeurs dans les dernières relations devra les rendre identiques aux précédentes, et cela quels que soient les nouveaux axes. Je passe sous silence le détail des calculs de transformation, calculs indiqués tout au long dans les *Leçons sur l'élasticité des corps solides* (*), et qu'il n'y aurait

---

qu'à reproduire (en se souvenant toutefois que les coefficients ne sont pas ici des constantes), et l'on arriverait au résultat suivant :

1° Il faut que les coefficients accentués soient respectivement égaux aux coefficients non accentués. On obtiendra ce résultat en supposant que les divers coefficients, au lieu de dépendre des trois fonctions U, V, W ou U', V', W', dépendent de la seule variable

$$\sqrt{U^2 + V^2 + W^2} = \sqrt{U'^2 + V'^2 + W'^2} = R.$$

2° Les coefficients accentués et non accentués étant identiques, tout se passe comme s'ils étaient constants, et l'on arrive, en ayant égard à la relation

$$\frac{dU}{dx} + \frac{dV}{dy} + \frac{dW}{dz} = 0,$$

aux valeurs suivantes pour les six forces N_i et T_i

$$(V) \begin{cases} N_1 = p + 2H\dfrac{dU}{dx}, & N_2 = p + 2H\dfrac{dV}{dy}, & N_3 = p + 2H\dfrac{dW}{dz}, \\[2mm] T_1 = H\left(\dfrac{dV}{dz} + \dfrac{dW}{dy}\right), & T_2 = H\left(\dfrac{dW}{dx} + \dfrac{dU}{dz}\right), & T_3 = H\left(\dfrac{dU}{dy} + \dfrac{dV}{dx}\right), \end{cases}$$

H désignant une fonction quelconque de la vitesse résultante R. Si l'on porte ces valeurs dans l'équation I, que l'on ait égard à l'équation de continuité, que l'on pose avec M. Lamé

$$\frac{d^2\varphi}{dx^2} + \frac{d^2\varphi}{dy^2} + \frac{d^2\varphi}{dz^2} = \Delta_2\varphi, \quad \text{et que l'on fasse} \quad \frac{dH}{dR} = H',$$

on trouvera

$$(VI) \begin{cases} X_0 - \dfrac{1}{\rho}\dfrac{dp}{dx} - \dfrac{H}{\rho}\Delta_2 U - \dfrac{H'}{\rho}\left[2\dfrac{dU}{dx}\dfrac{dR}{dx} + \left(\dfrac{dU}{dy} + \dfrac{dV}{dx}\right)\dfrac{dR}{dy} + \left(\dfrac{dW}{dx} + \dfrac{dU}{dz}\right)\dfrac{dR}{dz}\right] \\[2mm] \qquad = U\dfrac{dU}{dx} + V\dfrac{dU}{dy} + W\dfrac{dU}{dz} + \dfrac{dU}{dt}, \\[3mm] Y_0 - \dfrac{1}{\rho}\dfrac{dp}{dy} - \dfrac{H}{\rho}\Delta_2 V - \dfrac{H'}{\rho}\left[\left(\dfrac{dU}{dy} + \dfrac{dV}{dx}\right)\dfrac{dR}{dx} + 2\dfrac{dV}{dy}\dfrac{dR}{dy} + \left(\dfrac{dV}{dz} + \dfrac{dW}{dy}\right)\dfrac{dR}{dz}\right] \\[2mm] \qquad = U\dfrac{dV}{dx} + V\dfrac{dV}{dy} + W\dfrac{dV}{dz} + \dfrac{dV}{dt}, \\[3mm] Z_0 - \dfrac{1}{\rho}\dfrac{dp}{dz} - \dfrac{H}{\rho}\Delta_2 W - \dfrac{H'}{\rho}\left[\left(\dfrac{dW}{dx} + \dfrac{dU}{dz}\right)\dfrac{dR}{dx} + \left(\dfrac{dV}{dz} + \dfrac{dW}{dy}\right)\dfrac{dR}{dy} + 2\dfrac{dU}{dz}\dfrac{dR}{dz}\right] \\[2mm] \qquad = U\dfrac{dW}{dx} + V\dfrac{dW}{dy} + W\dfrac{dW}{dz}, \\[3mm] \qquad\qquad \dfrac{dU}{dx} + \dfrac{dV}{dy} + \dfrac{dW}{dx} = 0. \end{cases}$$

Telles sont les quatre équations générales du mouvement des liquides
contenant les quatre fonctions inconnues U, V, W, p. Quand ces fonctions sont connues, on en conclut immédiatement les N_i et T_i donnés
par (V), et au moyen des équations à la surface (II) et (2) on déterminera les fonctions arbitraires introduites par l'intégration.

On voit que les équations générales du mouvement des liquides
seront connues si l'on connaît la seule fonction H de la variable R. Cette
fonction à déterminer par l'expérience reste la même quel que soit le
mouvement dont le liquide est animé. Il suffira donc de la déterminer
pour le mouvement le plus simple possible, c'est-à-dire pour le mouvement par filets rectilignes et parallèles. Voilà pourquoi des expériences
précises sur un tel mouvement seraient de la dernière utilité. Elles
fourniraient immédiatement une base certaine, non-seulement à une
théorie particulière, mais à toute l'Hydrodynamique.

On voit d'ailleurs par la quatrième et la cinquième des relations (V)
que dans le cas du mouvement rectiligne, H n'est autre chose que la
fonction désignée (chap. VI) par F′ : donc, pour tous les mouvements
possibles, on a

$$H = F'(R).$$

Il résulte de là que si les inductions que nous avons tirées des expériences de M. Darcy sont exactes, on a

$$(20) \qquad\qquad H = -2\varepsilon R,$$

ε étant une constante dépendant de la nature du liquide, et, par suite,

$$H' = -2\varepsilon.$$

En portant ces valeurs dans les équations ci-dessus, on aura définitivement les relations qui unissent les fonctions inconnues U, V, W, p
aux forces données X_o, Y_o, Z_o. Seulement, il convient d'autant plus de
s'assurer de la vérité de ces inductions, que d'elles depend non-seulement
la théorie du mouvement rectiligne, mais la théorie de tous les mouvements que peuvent affecter les liquides. Il est possible que des expériences plus exactes portant sur des mouvements lents amènent à remplacer l'expression (20) de H par la suivante :

$$(21) \qquad\qquad H = -2\varepsilon R + a,$$

a étant une constante. Dans le cas des mouvements rapides, le terme a serait négligeable, tandis que dans les mouvements lents il deviendrait prédominant. Dans ce cas particulier, en faisant abstraction dans (21) du terme en R, on reviendrait à la théorie de Navier et l'on voit, en effet, qu'en faisant dans les équations (VI) H' = 0, on retrouve, aux notations près, les formules (a) de Navier (p. 3).

En terminant, je ferai remarquer que quand il s'agit du mouvement rectiligne, c'est-à-dire quand on a

$$V = 0, \quad W = 0, \quad \frac{dU}{dx} = 0,$$

les relations (V) donnent

$$N_1 = N_2 = N_3 = p,$$

c'est-à-dire que le principe de l'égalité des pressions s'applique à tous les éléments plans perpendiculaires ou parallèles au fil de l'eau. C'est une proposition que nous avons admise dans le cours de ce Mémoire; il était nécessaire de la démontrer. D'ordinaire, on admet en Hydraulique que le principe de l'égalité des pressions est sensiblement applicable aux liquides visqueux aussi bien qu'aux fluides parfaits. Cela revient à tenir compte des trois fonctions T_1, T_2, T_3 et à négliger les différences $N_1 - p$, $N_2 - p$, $N_3 - p$. Or, nous avons vu que ces six fonctions sont de même ordre de grandeur; il est donc peu rationnel de tenir compte des unes et de négliger gratuitement les autres.

Vu et approuvé.

Le 20 décembre 1866.

Le Doyen de la Faculté des Sciences,

MILNE EDWARDS.

Permis d'imprimer.

Le 21 décembre 1866.

Le Vice-Recteur de l'Académie de Paris,

A. MOURIER.

THÈSE DE GÉOMÉTRIE.

SUR UNE TRANSFORMATION

DES COORDONNÉES CURVILIGNES ORTHOGONALES

ET SUR

LES COORDONNÉES CURVILIGNES

COMPRENANT

UNE FAMILLE QUELCONQUE DE SURFACES DU SECOND ORDRE.

I.

Dans une Note insérée au tome XI du *Journal de Mathématiques pures et appliquées*, M. Bouquet a, le premier, fait remarquer qu'une famille de surfaces étant donnée, il n'existe pas toujours deux autres familles pouvant composer avec la première un système triplement orthogonal. M. Bouquet a prouvé ce fait pour des surfaces dont le paramètre serait la somme de trois fonctions ne dépendant chacune que d'une seule des trois coordonnées rectilignes d'un point de l'espace. Sa méthode pourrait être facilement généralisée et montrerait que le paramètre d'une classe quelconque de surfaces admettant deux séries de surfaces orthogonales satisfait nécessairement à une équation aux différences partielles du troisième ordre.

Dans un Mémoire inséré au tome XII du même journal, M. Serret a repris la question à un point de vue plus général. En partant des trois relations auxquelles doivent satisfaire les paramètres ρ, λ et μ de trois familles de surfaces se coupant deux à deux à angle droit, et éliminant au moyen d'un certain nombre de différentiations les paramètres λ et μ, M. Serret a montré que le paramètre restant ρ doit satisfaire à la fois à deux équations aux différentielles partielles du sixième ordre, d'où il résulte que les systèmes de surfaces triplement orthogonales sont beaucoup plus rares qu'on ne serait porté à le supposer tout d'abord. M. Serret fait ensuite l'étude particulière des systèmes orthogonaux comprenant une famille de surfaces de la nature de celles qu'avait étudiées M. Bouquet dans son Mémoire précité, et il donne non-seulement les conditions d'existence d'un semblable système, conditions déjà trouvées par M. Bouquet, mais il ramène, dans beaucoup de cas, à de simples quadratures la détermination des surfaces qui le composent.

Lorsque, abandonnant les exemples particuliers, on revient à la condition que doit remplir une famille de surfaces quelconques pour pouvoir faire partie d'un système orthogonal, les équations auxquelles on serait conduit soit par la méthode de M. Serret, soit par le procédé de M. Bouquet, s'obtiendraient au prix de calculs si pénibles, qu'on ne peut pas un instant songer à les entreprendre. Mais ces équations correspondent à un énoncé géométrique en quelque sorte évident et que nous allons donner, parce qu'il nous sera utile par la suite.

Considérons une famille de surfaces au paramètre ρ et un point M sur l'une quelconque de ces surfaces. Par ce point, menons les tangentes MT_1 et MT_2 aux deux lignes de courbure qui y passent, ainsi que la normale MM' que nous prolongerons jusqu'à sa rencontre en M' avec la surface infiniment voisine; enfin, par le point M', menons les tangentes $M'T'_1$ et $M'T'_2$ aux deux lignes de courbure passant par ce point.

Pour que les surfaces considérées puissent faire partie d'un système orthogonal, il faut et il suffit que les deux tangentes MT_1 et $M'T'_1$ qui correspondent au même système de lignes de courbure, ainsi que les tangentes MT_2 et $M'T'_2$, se rencontrent (*).

La démonstration de cette proposition est trop simple pour que je la développe (**). Je remarquerai seulement que si les deux lignes MT_1 et

---

(*) Quand on dit que ces lignes se rencontrent, on entend que leur plus courte distance est infiniment petite d'un ordre supérieur au premier.

(**) Bien que ce théorème n'ait peut-être pas encore été énoncé sous cette forme, je n'ai pas cru devoir m'arrêter à en donner une démonstration facile à imaginer.

$M'T_1$ se rencontrent, il en est nécessairement de même des lignes MT_2 et $M'T_2$ et *vice versâ;* en sorte qu'il faut et il suffit que les deux tangentes qui correspondent à l'un des systèmes de lignes de courbure se rencontrent, pour que les surfaces considérées admettent des surfaces orthogonales.

Soient en effet α_1, β_1, γ_1 et α_2, β_2, γ_2 les cosinus des angles que les deux lignes MT_1 et MT_2 forment respectivement avec trois axes de coordonnées rectangulaires. Ces deux lignes étant à angle droit, on aura

$$(a) \qquad \alpha_1\alpha_2 + \beta_1\beta_2 + \gamma_1\gamma_2 = 0.$$

Soit δ l'accroissement d'une quantité lorsqu'on passe du point M au point M'; en sorte que les cosinus des angles que forment les droites $M'T_1$ et $M'T_2$ avec les axes sont

$$\alpha_1 + \delta\alpha_1, \quad \beta_1 + \delta\beta_1, \quad \gamma_1 + \delta\gamma_1,$$
$$\alpha_2 + \delta\alpha_2, \quad \beta_2 + \delta\beta_2, \quad \gamma_2 + \delta\gamma_2,$$

et comme ces droites sont rectangulaires, on aura

$$(\alpha_1 + \delta\alpha_1)(\alpha_2 + \delta\alpha_2) + (\beta_1 + \delta\beta_1)(\beta_2 + \delta\beta_2) + (\gamma_1 + \delta\gamma_1)(\gamma_2 + \delta\gamma_2) = 0,$$

ou, en ayant égard à (a), négligeant les termes du second ordre et groupant convenablement,

$$(b) \qquad \alpha_1\delta\alpha_2 + \beta_1\delta\beta_2 + \gamma_1\delta\gamma_2 = -(\alpha_2\delta\alpha_1 + \beta_2\delta\beta_1 + \gamma_2\delta\gamma_1).$$

Mais nous admettons que les deux lignes MT_1, $M'T_1$ se rencontrent, c'est-à-dire qu'elles sont situées dans un même plan $MM'T_1$ normal à la ligne MT_2 : celle-ci est donc non-seulement perpendiculaire à MT_1, ce qui est exprimé par la relation (a), mais encore à sa voisine $M'T_1$, ce qui s'exprime par

$$\alpha_2\delta\alpha_1 + \beta_2\delta\beta_1 + \gamma_2\delta\gamma_1 = 0;$$

d'où, à cause de (b),

$$\alpha_1\delta\alpha_2 + \beta_1\delta\beta_2 + \gamma_1\delta\gamma_2 = 0.$$

Cette relation signifie que MT_1 est perpendiculaire à $M'T_2$, ce qui exige que $M'T_2$ rencontre MT_2, comme nous l'avions annoncé.

On peut encore remplacer la proposition énoncée plus haut par la suivante :

*Pour qu'une famille de surfaces puisse faire partie d'un système ortho-
gonal, il faut et il suffit que si, par tous les points M d'une ligne de courbure de l'une de ces surfaces, on mène des normales à cette surface,
jusqu'à leur rencontre en M' avec la surface infiniment voisine, le lieu des
points M' soit une ligne de courbure de cette dernière surface (en négligeant les infiniment petits du second ordre).*

Cela résulte immédiatement du théorème de Dupin (*).

Sur l'une des surfaces proposées, considérons un ombilic; de ce
point comme centre décrivons sur la surface un cercle de rayon infiniment petit. Il est évident que la circonférence de ce cercle peut être
regardée comme une ligne de courbure, puisque les normales à la surface le long de cette ligne se rencontrent toutes. Par tous les points de
cette circonférence, menons les courbes coupant normalement toutes
les surfaces proposées. L'ensemble de ces lignes formera une surface
très-déliée, coupant chacune des surfaces proposées suivant une courbe
fermée infiniment petite. Mais, d'après le théorème ci-dessus, toutes
ces courbes d'intersection sont des lignes de courbure des surfaces sur
lesquelles elles sont placées, ce qui veut dire qu'à la limite elles deviennent des points ombilicaux de ces surfaces. Ainsi la ligne, lieu des
ombilics des surfaces proposées, est une trajectoire orthogonale de ces
surfaces.

Si, pour simplifier le langage, nous appelons cette ligne *ligne ombilicale* de la famille de surfaces proposées, nous pourrons énoncer ce
théorème :

*Pour qu'une famille de surfaces puisse faire partie d'un système ortho-
gonal, il est nécessaire que sa ligne ombilicale soit une trajectoire orthogonale des surfaces qui la composent (**).*

Cette proposition très-simple, et qui n'avait, je crois, pas encore été
énoncée, suffit souvent à elle seule pour déterminer les conditions que

---

(*) Même observation qu'à la note (**) de la page 46.

(**) Il serait désirable que l'on pût avoir de ce théorème une démonstration analytique;
mais je ne l'ai pas trouvée jusqu'ici. La proposition se vérifie d'ailleurs sur tous les systèmes
de coordonnées connus, y compris celui formé par les surfaces que M. Moutard appelle les
anallagmatiques.

doivent remplir des surfaces d'espèce donnée pour admettre des surfaces qui les coupent partout à angle droit. Pour en donner un exemple, considérons une famille de surfaces à centre du second degré, à plans principaux communs. Leur équation peut s'écrire sous la forme

$$\frac{x^2}{\rho^2} + \frac{y^2}{\rho^2 - b^2} + \frac{z^2}{\rho^2 - c^2} = 1,$$

ρ étant le paramètre, b et c des fonctions quelconques de ρ. Le point ayant pour coordonnées

$$x_0 = \frac{\rho b}{c}, \quad y_0 = 0, \quad z_0 = \frac{1}{c} \sqrt{(c^2 - b^2)(\rho^2 - c^2)}$$

sera un ombilic réel ou imaginaire d'ailleurs de la surface au paramètre ρ. Les accroissements des coordonnées x_0, y_0, z_0, lorsqu'on passera à la surface infiniment voisine, seront, en posant

$$\frac{db}{d\rho} = b', \quad \frac{dc}{d\rho} = c',$$

$$dx_0 = \frac{(b + \rho b')c - \rho bc'}{c^2} \, d\rho, \quad dy_0 = 0,$$

$$dz_0 = \frac{[(cc' - bb')(\rho^2 - c^2) + (c^2 - b^2)(\rho - cc')]c - c'(c^2 - b^2)(\rho^2 - c^2)}{c^2 \sqrt{(c^2 - b^2)(\rho^2 - c^2)}} \, d\rho.$$

Pour que les surfaces proposées puissent faire partie d'un système orthogonal, il faut, d'après le théorème que nous venons d'énoncer, que l'on ait

$$\frac{dx_0}{\left(\dfrac{x_0}{\rho^2}\right)} = \frac{dz_0}{\left(\dfrac{z_0}{\rho^2 - c^2}\right)}.$$

Si l'on remplace x_0, z_0 et leurs différentielles par les valeurs ci-dessus et qu'on opère les réductions qui se présentent, on arrive à cette relation très-simple :

$$(c) \qquad \frac{b'}{b}(\rho^2 - b^2) = \frac{c'}{c}(\rho^2 - c^2) \, (*),$$

(*) Les ombilics situés dans le plan xy eussent donné cette même formule remarquable (c).

qu'il eût été difficile de trouver autrement, et que nous verrons plus loin être non-seulement nécessaire, mais suffisante pour que les surfaces proposées puissent faire partie d'un système orthogonal.

Si on prenait une famille de paraboloïdes à plans principaux communs, leur équation générale pourrait s'écrire

$$\frac{y^2}{\rho} + \frac{z^2}{\rho - \Pi} - 2(x - l) = \rho,$$

ρ étant le paramètre, Π et l des fonctions quelconques de ρ. L'un des ombilics de la surface ρ aurait pour coordonnées

$$x_0 = l + \frac{\Pi - \rho}{2}, \quad y_0 = 0, \quad z_0 = \sqrt{\Pi(\rho - \Pi)}.$$

Pour la surface infiniment voisine, ces coordonnées prendraient les accroissements

$$dx_0 = \left(l' + \frac{\Pi' - 1}{2}\right) d\rho, \quad dy_0 = 0, \quad dz_0 = \frac{\Pi'(\rho - \Pi) + (1 - \Pi')\Pi}{2\sqrt{\Pi(\rho - \Pi)}},$$

en posant

$$l' = \frac{dl}{d\rho}, \quad \Pi' = \frac{d\Pi}{d\rho}.$$

Pour que la ligne ombilicale coupe la surface ρ à angle droit, il faut que l'on ait

$$\frac{dx_0}{-1} = \frac{dz_0}{\left(\dfrac{z_0}{\rho - \Pi}\right)}.$$

Si l'on remplace x_0, z_0 et leurs différentielles par les valeurs ci-dessus et qu'on fasse les réductions qui se présentent, on trouve

$$(d) \qquad\qquad \frac{\Pi'}{\Pi}(\rho - \Pi) + 2l' = 0,$$

pour la condition que doivent remplir les fonctions Π et l pour que les paraboloïdes proposés admettent des surfaces orthogonales.

Je n'insisterai pas davantage pour faire ressortir l'utilité du théorème relatif à la ligne ombilicale. Je dirai seulement qu'il peut s'appliquer de la même manière à des surfaces algébriques de degré supérieur. Quant aux formules si remarquablement simples (c) et (d) concernant les surfaces du second ordre, nous aurons occasion d'y revenir plus loin.

II.

Dans ce Mémoire, je me propose de résoudre la question suivante :

On donne un système de coordonnées curvilignes orthogonales, représenté par les équations

$$(\text{I}) \quad \begin{cases} (1) \quad \mathrm{F}\,(x,y,z,\rho,a,b,c,\ldots)=\mathrm{o}, \\ (2) \quad \mathrm{F}_1(x,y,z,\lambda,a,b,c,\ldots)=\mathrm{o}, \\ (3) \quad \mathrm{F}_2(x,y,z,\mu,a,b,c,\ldots)=\mathrm{o}, \end{cases}$$

dans lesquelles x, y, z sont les coordonnées rectangulaires d'un point rapportées à trois axes rectilignes; ρ, λ et μ les coordonnées curvilignes du même point; a, b, c,…, des quantités constantes. On remplace ces constantes par des fonctions de l'un des paramètres, de ρ, par exemple. L'équation (1) représentera alors une nouvelle famille de surfaces. On demande de trouver : 1° la condition pour que ces nouvelles surfaces puissent faire partie d'un système de coordonnées curvilignes; 2° de déterminer ce système.

Admettons que l'on ait fortuitement choisi les fonctions de ρ : a, b, c,…, que l'on substitue aux constantes de mêmes noms, de telle façon que les nouvelles surfaces représentées par l'équation (1) puissent faire partie d'un système orthogonal; et soient λ_0 et μ_0 les paramètres des deux familles de surfaces qui, avec les surfaces ρ, constituent ce système. Il s'agit d'exprimer ces paramètres en x, y et z.

A cet effet, soit r la valeur particulière que prend le paramètre donné ρ, en un point quelconque M de l'espace. Considérons l'équation (1) à deux points de vue différents : d'abord, en regardant a, b, c,…, comme des fonctions connues de ρ; ensuite, en substituant à ces

fonctions les valeurs particulières a_r, b_r, c_r,..., qu'elles prennent pour
$\rho = r$. A ces deux manières d'envisager l'équation (1) correspondront
deux familles différentes de surfaces ρ. Les surfaces de la première famille, celle qu'on obtient en regardant a, b, c,..., comme des fonctions
de ρ, seront, toutes, coupées à angle droit et suivant leurs lignes de courbure par les surfaces inconnues λ_0 et μ_0; les surfaces de la seconde famille, celle que l'on obtient en mettant à la place des fonctions a, b,
c,..., les constantes a_r, b_r, c_r,..., seront coupées à angle droit et suivant
leurs lignes de courbure par les surfaces λ et μ, que représentent les équations (2) et (3), si, dans ces équations, on remplace aussi les fonctions
a, b, c,..., par les valeurs particulières a_r, b_r, c_r,...; car nous admettons en principe que le groupe des équations (I) représente un sys-
tème triplement orthogonal lorsque les fonctions a, b, c,..., se réduisent
à de simples constantes.

Or, les deux familles de surfaces ρ que nous venons de définir ont en
commun la surface passant au point M, surface que l'on obtient en donnant au paramètre la valeur particulière r, et dont, pour abréger, nous
pouvons écrire l'équation sous la forme

$$\rho = r.$$

Cette surface sera donc coupée à angle droit et suivant ses lignes de
courbure, aussi bien par les surfaces inconnues λ_0 et μ_0 que par les
surfaces λ et μ. De là résulte que par chacune des courbes composant
l'un des systèmes de lignes de courbure de la surface $\rho = r$ on peut faire
passer une surface λ et une surface λ_0 qui se toucheront tout le long de
cette ligne, et par chacune des courbes composant les lignes de courbure
de l'autre système on pourra de même faire passer une surface μ et une
surface μ_0 qui se toucheront le long de cette ligne. Cette propriété
existera en particulier pour les deux surfaces λ et λ_0, ainsi que pour les
deux surfaces μ et μ_0 qu'on pourra faire passer au point M; et comme
ce point a été pris arbitrairement dans l'espace, on peut dire qu'en tout
point de l'espace passent un couple de surfaces λ et λ_0 et un couple de
surfaces μ et μ_0 se touchant, les deux premières suivant l'une des lignes
de courbure, les deux dernières suivant l'autre ligne de courbure de la
surface ρ passant en ce point.

Dans cet énoncé, il s'agit évidemment des surfaces ρ que représente l'équation (1) où a, b, c,... sont regardés comme des fonctions de ρ; mais les surfaces λ et μ sont celles que représentent les équations (2) et (3) après qu'on y a remplacé les fonctions a, b, c,... par les valeurs a_r, b_r, c_r,... qu'elles prennent au point M de l'espace que l'on considère, en sorte que leurs équations seraient

(2 *bis*) $$F_1(x, y, z, \lambda, a_r, b_r, c_r, \ldots) = 0,$$
(3 *bis*) $$F_2(x, y, z, \mu, a_r, b_r, c_r, \ldots) = 0.$$

D'après cela, il est facile d'obtenir les paramètres des surfaces λ et μ qui au point quelconque M sont circonscrites aux surfaces λ_0 et μ_0. En effet, après avoir résolu par rapport à ρ l'équation (1) où a, b, c,... sont des fonctions de ρ, on portera la valeur trouvée $\rho = r$ dans (2) et (3) qu'on résoudra ensuite par rapport à λ et μ. Cela revient à dire que pour avoir les paramètres des trois surfaces ρ, λ et μ qui se coupent deux à deux à angle droit et suivant leurs lignes de courbure au point quelconque M, il faut résoudre par rapport à ρ, λ et μ le système des équations (I) où a, b, c,... sont des fonctions connues de ρ et x, y, z les coordonnées du point M. Les surfaces cherchées auront alors pour équations non pas le groupe (I), mais le groupe (1), (2 *bis*), (3 *bis*) où l'on aura remplacé ρ, λ et μ par les valeurs trouvées et où x, y, z redeviendront les coordonnées courantes.

Au lieu d'exprimer, comme nous venons de le faire, les paramètres λ et μ des surfaces (2 *bis*) et (3 *bis*) au moyen des coordonnées rectilignes x, y, z du point M, on peut les concevoir exprimées au moyen des coordonnées curvilignes ρ, λ_0 et μ_0 de ce point. Mais il est aisé de voir que λ sera indépendant de μ_0 et μ de λ_0. En effet, les surfaces λ et λ_0 étant circonscrites tout le long de la ligne de courbure ayant pour équations

$$\rho = \text{const.,}$$
$$\lambda_0 = \text{const.,}$$

la surface λ ne changera pas si le point M se déplace sur cette ligne, c'est-à-dire si μ_0 varie seul; on verrait de même que la surface μ ne change pas lorsque λ_0 varie seul. On aura donc nécessairement

(4) $$\mu = \psi(\rho, \lambda_0),$$
(5) $$\lambda = \varphi(\rho, \mu_0).$$

Si ces relations étaient connues, le problème que nous nous sommes posé serait résolu. Il suffirait, en effet, entre elles et les équations proposées, d'éliminer ρ, λ et μ. pour avoir les expressions cherchées des paramètres λ_0 et μ_0 en x, y et z. Les deux dernières relations constituent donc, si l'on veut, les équations des deux familles de surfaces λ_0 et μ_0, équations données au moyen des variables auxiliaires ρ, λ et μ. Si l'on voulait avoir l'équation différentielle de chacune de ces deux familles, il suffirait d'éliminer λ_0 et μ_0 considérés comme des constantes arbitraires, entre (4), (5) et leurs différentielles, ce qui donnerait nécessairement des équations de la forme

$$(6) \qquad \frac{d\lambda}{d\rho} = f(\rho, \mu),$$

$$(7) \qquad \frac{d\mu}{d\rho} = f_1(\rho, \lambda),$$

dont la première est indépendante de μ et la seconde de λ.

Ceci étant, on peut facilement trouver les fonctions f et f_1. Pour découvrir, par exemple, la dernière, donnons dans l'équation (3) à x, y, z des accroissements quelconques δx, δy, δz; il en résultera pour μ, μ_0 et ρ des accroissements $\delta\mu$, $\delta\mu_0$ et $\delta\rho$, et comme, d'après (5), l'expression cherchée de μ est fonction de ρ et de μ_0, on aura

$$\delta\mu = \frac{d\mu}{d\rho}\,\delta\rho + \frac{d\mu}{d\mu_0}\,\delta\mu_0.$$

Par suite, l'accroissement du premier membre de (3) sera, en posant

$$\frac{da}{d\rho} = a', \quad \frac{db}{d\rho} = b', \quad \frac{dc}{d\rho} = c', \ldots,$$

$$(8) \quad \left\{ \begin{aligned} &\frac{d\mathrm{F}_2}{dx}\,\delta x + \frac{d\mathrm{F}_2}{dy}\,\delta y + \frac{d\mathrm{F}_2}{dz}\,\delta z + \frac{d\mathrm{F}_2}{d\mu}\frac{d\mu}{d\mu_0}\,\delta\mu_0 \\ &+ \left(\frac{d\mathrm{F}_2}{d\mu}\frac{d\mu}{d\rho} + \frac{d\mathrm{F}_2}{da}\,a' + \frac{d\mathrm{F}_2}{db}\,b' + \frac{d\mathrm{F}_2}{dc}\,c' + \ldots \right)\delta\rho = 0. \end{aligned} \right.$$

Mais les deux surfaces μ et μ_0 qui passent en un point quelconque de l'espace y sont tangentes l'une à l'autre. On aura donc, quels que soient x, y et z,

$$\frac{\dfrac{d F_2}{dx}}{\dfrac{d \mu_0}{dx}} = \frac{\dfrac{d F_2}{dy}}{\dfrac{d \mu_0}{dy}} = \frac{\dfrac{d F_2}{dz}}{\dfrac{d \mu_0}{dz}},$$

d'où, en désignant par M la valeur commune des rapports ci-dessus,

$$\frac{d F_2}{dx} = M \frac{d \mu_0}{dx}, \quad \frac{d F_2}{dy} = M \frac{d \mu_0}{dy}, \quad \frac{d F_2}{dz} = M \frac{d \mu_0}{dz}.$$

Portant ces expressions dans (8) et observant que

$$\frac{d \mu_0}{dx} \delta x + \frac{d \mu_0}{dy} \delta y + \frac{d \mu_0}{dz} \delta z = \delta \mu_0,$$

il viendra

$$\left(M + \frac{d F_2}{d \mu} \frac{d \mu}{d \mu_0} \right) \delta \mu_0 + \left(\frac{d F_2}{d \mu} \frac{d \mu}{d \rho} + \frac{d F_2}{da} a' + \frac{d F_2}{db} b' + \frac{d F_2}{dc} c' + \dots \right) \delta \rho = 0.$$

Cette dernière relation est vraie pour l'intersection de deux surfaces μ passant en deux points infiniment voisins quelconques (x, y, z) et $(x + \delta x, y + \delta y, z + \delta z)$; mais si l'on prend en particulier les deux points voisins sur une même surface μ_0, c'est-à-dire si l'on fait $\delta \mu_0 = 0$, elle se réduira au seul terme

$$(11) \qquad \frac{d F_2}{d \mu} \frac{d \mu}{d \rho} + \frac{d F_2}{da} a' + \frac{d F_2}{db} b' + \frac{d F_2}{dc} c' + \dots = 0.$$

Cette relation caractérise la position relative de deux points infiniment voisins de l'une quelconque des surfaces μ_0; elle est donc l'équation différentielle de cette classe de surfaces. Elle devient nécessairement identique à (7) si l'on exprime x, y et z au moyen des variables auxiliaires ρ, λ et μ. Par suite, la valeur de $\dfrac{d \mu}{d \rho}$ qu'on en tirera devra être indépendante de λ. Cette valeur est

$$(9) \qquad \frac{d \mu}{d \rho} = - \frac{\dfrac{d F_2}{da} a' + \dfrac{d F_2}{db} b' + \dfrac{d F_2}{dc} c' + \dots}{\dfrac{d F_2}{d \mu}}.$$

Au moyen des équations (I) on remplacera x, y et z en fonction de λ, μ et ρ et on exprimera que le second membre est indépendant de λ. On sera conduit ainsi à un certain nombre de relations entre les fonctions a, b, c,... et leurs dérivées. Ce sont ces relations qui nous prouvent que les fonctions a, b, c,..., introduites à la place des constantes dans les équations (I), ne peuvent pas être prises tout à fait au hasard. Pour que les nouvelles surfaces ρ auxquelles cette substitution donne lieu soient effectivement susceptibles de faire partie d'un système orthogonal, comme nous l'avons admis au début, il faut que ces fonctions a, b, c,... satisfassent aux conditions nécessaires pour que (9), ou son équivalent (II), ne contienne pas λ. Ces conditions sont souvent nombreuses, parfois même incompatibles. Dans ce dernier cas, on ne peut du système de coordonnées curvilignes proposé déduire aucun système nouveau. C'est là, il est vrai, une exception, mais en général le nombre de systèmes nouveaux n'est pas aussi étendu qu'on pourrait le supposer.

Quand les conditions voulues entre a, b, c,... sont remplies, on intègre l'équation (II) qui est, aux différences ordinaires, entre les deux variables μ et ρ, et la constante arbitraire introduite dans l'intégration sera le paramètre μ_0. Il ne restera plus alors pour avoir l'expression de ce paramètre en x, y, z qu'à éliminer ρ, λ et μ entre (1), (3) et l'équation (II) intégrée.

On opérera de la même manière pour avoir λ_0. L'équation différentielle des surfaces λ_0 qu'on déduira de (2) sera

$$(\text{III}) \qquad \frac{d\mathrm{F}_1}{d\lambda}\,\frac{d\lambda}{d\rho} + \frac{d\mathrm{F}_1}{da}\,a' + \frac{d\mathrm{F}_1}{db}\,b' + \frac{d\mathrm{F}_1}{dc}\,c' + \ldots = 0.$$

On remplacera x, y, z par leurs expressions en λ, μ, ρ déduites du groupe d'équations (I); la valeur de $\dfrac{d\lambda}{d\rho}$ se trouvera indépendante de μ sans conditions nouvelles entre les fonctions a, b, c,..., comme nous le verrons tout à l'heure. On intégrera l'équation (III) aux différences ordinaires entre les variables λ et ρ; la constante arbitraire introduite par l'intégration sera le paramètre λ_0, et l'on aura l'expression de ce paramètre en x, y, z par l'élimination de λ et ρ entre (1), (2) et l'équation (III) intégrée.

Les équations (II) et (III) sont d'ailleurs faciles à former. Pour les obtenir, il suffit de différentier (3) et (2) par rapport à ρ, en considérant λ et μ comme des fonctions de ρ.

Il me reste à montrer que, si les fonctions a, b, c,... de ρ ont été choisies de manière à rendre l'équation (II) indépendante de λ, elles rendront nécessairement l'équation (III) indépendante de μ.

Tout se réduit évidemment à prouver que, si (II) est indépendante de λ, il existe toujours deux familles de surfaces λ_0 et μ_0 formant, avec les surfaces ρ, un système orthogonal. Car, dès que ce fait se trouve établi, on peut répéter tous les raisonnements qui nous ont conduit à la relation (6), laquelle montre que $\dfrac{d\lambda}{d\rho}$ est indépendante de μ. Or, puisque, par hypothèse, l'équation (II) est indépendante de λ, on peut l'intégrer et trouver une famille de surfaces μ_0 coupant toutes les surfaces ρ à angle droit, et traçant sur chacune d'elles toutes ses lignes de courbure de l'un des systèmes que nous appellerons le premier.

Considérons les surfaces ρ et μ_0 passant par un point M; elles se coupent suivant une ligne de courbure commune aux deux surfaces. Prenons un élément MM' sur la seconde ligne de courbure de μ_0; les normales à μ_0 aux points M et M' se rencontreront; mais ces lignes sont tangentes aux lignes de courbure du second système des surfaces ρ passant en M et M'; et, comme l'élément MM' est nécessairement normal à la surface ρ qui passe en M, on peut dire que, si l'on mène une normale en un point M de l'une quelconque des surfaces ρ, qu'on prolonge cette normale jusqu'à sa rencontre en M' avec la surface infiniment voisine, les tangentes menées aux deux lignes de courbure du second système passant en M et M' se rencontrent. De là résulte, d'après une remarque faite page 47, que les surfaces ρ sont susceptibles de faire partie d'un système orthogonal, ce qui suffit, comme nous l'avons vu, pour prouver que l'équation (III) sera indépendante de μ.

Ainsi, les fonctions a, b, c,... n'ont à satisfaire qu'aux conditions résultant d'une seule des équations (II) et (III).

———————

8

III.

Nous allons maintenant étudier les systèmes de coordonnées curvi-lignes orthogonales comprenant une famille quelconque de surfaces du second ordre, et d'abord nous établirons la proposition suivante :

Théorème. — *Les familles de surfaces du second ordre à plans principaux communs sont les seules qui puissent faire partie d'un système de coordonnées curvilignes.*

En effet, soient S l'une des surfaces de la famille, P l'une de ses sections principales. Soient S′ la surface infiniment voisine et P′ sa section principale correspondante, c'est-à-dire infiniment voisine de la précédente. Soient enfin M′ et M′₁ les deux points où la courbe P′ rencontre le plan de la courbe P, en sorte que M′M′₁ est la ligne d'intersection des plans P et P′. Du point M′ abaissons une normale sur la courbe P; soit M le pied de cette normale; la droite MM′ sera normale à la surface S. Donc, d'après une proposition énoncée page 46, les tangentes en M aux deux lignes de courbure de la surface S passant en ce point et les tangentes correspondantes aux deux lignes de courbure passant en M′ de la surface S′ doivent se rencontrer. Mais l'une des lignes de courbure passant en M est la section principale P; la ligne de courbure correspondante de la surface S′ passant en M′ est la section principale P′; donc la tangente en M′ à cette section principale est située tout entière dans le plan P; d'un autre côté, elle est nécessairement située dans le plan P′; donc elle est commune aux deux plans; comme ces deux plans ont encore en commun le point M′₁, ils coïncident. On prouverait ainsi de proche en proche que les plans principaux de toutes les surfaces proposées coïncident.

Cette démonstration suppose que l'intersection M′M′₁ des deux plans P et P′ rencontre la courbe du second degré P′ en deux points M′ et M′₁ ; il pourrait se faire que ces deux points fussent imaginaires ou coïncidassent; la proposition n'en subsisterait pas moins. Voici du reste une démonstration indépendante de la position des deux points M′ et M′₁.

Nous avons vu (p. 48) que, quand une famille de surfaces est susceptible de faire partie d'un système orthogonal, si par tous les points M d'une ligne de courbure de l'une de ces surfaces on mène des normales MM′ à cette surface, et qu'on prolonge ces normales jusqu'à leur rencontre en M′ avec la surface infiniment voisine, le lieu des points M′ doit être une ligne de courbure de cette dernière surface.

Appliquons cette construction à la ligne de courbure P; toutes les normales MM′ seront situées dans le plan de cette courbe ; donc ce plan doit couper la surface infiniment voisine suivant une ligne de courbure, mais les seules lignes de courbure planes des surfaces du second degré sont ses sections principales (*); donc le plan de la section principale P′ coïncide avec celui de la section principale P, ce qu'il fallait démontrer.

Le genre de raisonnement qui précède est évidemment applicable à d'autres surfaces que celles du second degré, ayant des plans de symétrie, ou, sans avoir des plans de symétrie, ayant des plans qui les rencontrent normalement tout le long de leur intersection avec elles (**).

Puisque les plans principaux des familles de surfaces du second degré que nous avons à considérer coïncident nécessairement, prenons ces plans pour plans coordonnés et occupons-nous d'abord des surfaces à centre.

Toute famille de surfaces du second degré à centres et à plans principaux communs peut être représentée par l'équation

$$(10) \qquad \frac{x^2}{\rho^2} + \frac{y^2}{\rho^2 - b^2} + \frac{z^2}{\rho^2 - c^2} = 1,$$

dans laquelle ρ est le paramètre, b et c sont des fonctions quelconques de ρ. Si ces fonctions se réduisent à des constantes, l'équation (10) re-

---

(*) Il faut excepter les cylindres, pour lesquels, en effet, le théorème n'est pas vrai. Quant aux surfaces de révolution, le théorème prouve qu'une famille de surfaces de révolution ne peut faire partie d'un système orthogonal que si toutes les surfaces sont de révolution autour du même axe. Cela est vrai pour toute espèce de surfaces de révolution.

(**) Pour les surfaces du second degré, on aurait pu déduire immédiatement la proposition du théorème relatif à la ligne ombilicale que nous avons démontré page 48.

8..

présente des surfaces homofocales ; nous savons à l'avance que, dans ce cas, les surfaces proposées sont susceptibles de faire partie d'un système orthogonal, et que ses surfaces conjuguées sont également des surfaces homofocales du second degré ayant pour équations

$$(11) \qquad \frac{x^2}{\lambda^2} + \frac{y^2}{\lambda^2 - b^2} + \frac{z^2}{\lambda^2 - c^2} = 1,$$

$$(12) \qquad \frac{x^2}{\mu^2} + \frac{y^2}{\mu^2 - b^2} + \frac{z^2}{\mu^2 - c^2} = 1.$$

Ainsi, nous avons les équations (10), (11) et (12) d'un système de coordonnées curvilignes comprenant deux constantes b et c ; et, pour étudier toutes les surfaces possibles du second degré à centre susceptibles d'être comprises dans de pareils systèmes, il nous suffit de remplacer les constantes b et c par des fonctions de ρ. Nous nous trouvons donc bien dans le cas d'appliquer tout ce qui a été dit précédemment.

Soient λ_0 et μ_0 les paramètres des surfaces orthogonales conjuguées aux surfaces ρ lorsque b et c sont des fonctions de cette variable. Pour obtenir l'équation différentielle des surfaces μ_0 par exemple, nous n'aurons qu'à différentier (12) en regardant μ comme une fonction de ρ, ce qui, en posant

$$\frac{db}{d\rho} = b', \quad \frac{dc}{d\rho} = c',$$

$$(13) \qquad \frac{x^2}{\mu^4} + \frac{y^2}{(\mu^2 - b^2)^2} + \frac{z^2}{(\mu^2 - c^2)^2} = G,$$

$$(14) \qquad \frac{bb' y^2}{(\mu^2 - b^2)^2} + \frac{cc' z^2}{(\mu^2 - c^2)^2} = H,$$

nous donnera

$$- G\mu \frac{d\mu}{d\rho} + H = 0,$$

ou

$$(15) \qquad \mu \frac{d\mu}{d\rho} = \frac{H}{G}.$$

Rien n'est plus facile d'ailleurs que d'exprimer H et G en λ, μ et ρ. On déduit en effet des équations (9), (10) et (11), par des procédés très-simples et bien connus,

$$(16)\qquad\begin{cases} x^2 = \dfrac{\rho^2 \lambda^2 \mu^2}{b^2 c^2}, \\[2mm] y^2 = \dfrac{(\rho^2 - b^2)(\lambda^2 - b^2)(b^2 - \mu^2)}{b^2(c^2 - b^2)}, \\[2mm] z^2 = \dfrac{(\rho^2 - c^2)(c^2 - \lambda^2)(c^2 - \mu^2)}{c^2(c^2 - b^2)}. \end{cases}$$

Portant ces valeurs dans (13) et (14), on trouve, après diverses réductions,

$$G = \frac{(\mu^2 - \rho^2)(\mu^2 - \lambda^2)}{\mu^2(\mu^2 - b^2)(\mu^2 - c^2)},$$

$$H = \frac{\left[\dfrac{b'}{b}(\rho^2 - b^2)(c^2 - \mu^2) - \dfrac{c'}{c}(\rho^2 - c^2)(b^2 - \mu^2)\right]\lambda^2 - \left[bb'(\rho^2 - b^2)(c^2 - \mu^2) - cc'(\rho^2 - c^2)(b^2 - \mu^2)\right]}{(c^2 - b^2)(\mu^2 - b^2)(\mu^2 - c^2)},$$

et par suite, au moyen de (15),

$$(17)\quad \frac{1}{\mu}\frac{d\mu}{d\rho} = \frac{\left[\dfrac{b'}{b}(\rho^2 - b^2)(c^2 - \mu^2) - \dfrac{c'}{c}(\rho^2 - c^2)(b^2 - \mu^2)\right]\lambda^2 - \left[bb'(\rho^2 - b^2)(c^2 - \mu^2) - cc'(\rho^2 - c^2)(b^2 - \mu^2)\right]}{(c^2 - b^2)(\mu^2 - \rho^2)(\mu^2 - \lambda^2)}.$$

Le second membre doit être indépendant de λ. On vérifie immédiatement que cette condition est remplie, si l'on fait

$$(18)\qquad \frac{b'}{b}(\rho^2 - b^2) = \frac{c'}{c}(\rho^2 - c^2)(*).$$

Telle est donc la condition très-simple que doivent remplir les fonctions b et c pour que les surfaces proposées soient susceptibles de faire partie d'un système orthogonal. Étant donnée une famille de surfaces du second degré à centres, on peut, d'après cela, dire immédiatement si elle peut ou non faire partie d'un système de coordonnées curvilignes. La première condition, en effet, est que toutes les surfaces données aient mêmes plans principaux; la seconde, c'est que leurs élé-

---

(*) C'est déjà là une vérification du théorème énoncé page 48 sur la ligne ombilicale. *Voir* page 49 l'équation (c) et la note (*) de la page 48.

ments b, c et ρ satisfassent à la condition (18). On trouverait d'ailleurs facilement à énoncer cette condition en langage ordinaire ; en tous cas, on voit aisément qu'elle est indépendante du choix que nous avons fait de la variable particulière ρ ; elle resterait évidemment la même, quelque variable que l'on jugeât utile d'adopter.

On voit, par exemple, immédiatement d'après cette relation (18) qu'une famille de surfaces du second degré semblables et semblablement placées par rapport à leur centre commun, ne peuvent pas faire partie d'un système orthogonal, sauf, bien entendu, quand ces surfaces sont de révolution ; qu'il en serait de même d'une famille dont un des plans principaux couperait toutes les surfaces suivant des courbes homofocales, sans qu'il en fût de même des autres plans principaux, et ainsi de suite.

En ayant égard à (18), l'expression de μ donnée par (17) se simplifie beaucoup et devient

$$(19) \qquad \frac{1}{\mu}\frac{d\mu}{d\rho}\,(\rho^2-\mu^2) = \frac{b'}{b}\,(\rho^2-b^2) = \frac{c'}{c}\,(\rho^2-c^2)$$

ou encore

$$(IV) \qquad \frac{d\mu}{\mu}\,(\rho^2-\mu^2) = \frac{db}{b}\,(\rho^2-b^2) = \frac{dc}{c}\,(\rho^2-c^2) = \varphi(\rho)\,d\rho.$$

Cette triple égalité, dans laquelle $\varphi(\rho)$ est une fonction que l'on peut se donner arbitrairement, montre que la recherche de b, de c et de μ dépend de la même équation. En effet, la résolution de l'équation entre les deux derniers membres de (IV) fournira l'expression de c en fonction de ρ et d'une constante arbitraire. Pour avoir b, il suffira évidemment, dans l'expression de c, de remplacer cette constante que l'on aura choisie à volonté par une autre constante que l'on prendra également à volonté. Enfin, pour avoir μ, il suffira dans l'expression de c de remplacer la constante arbitraire par μ_0. Si ensuite entre la relation donnant μ et les équations (10) et (12) on élimine ρ et μ, on aura l'expression cherchée du paramètre μ_0 en x, y et z.

On comprend qu'il ne sera pas nécessaire de recommencer les mêmes calculs pour avoir λ_0 ; l'équation qui donnera μ_0 sera nécessairement du second degré et ses deux racines seront λ_0 et μ_0. En effet, pour avoir λ_0, il faudrait recommencer exactement les mêmes calculs en remplaçant l'équation (12) par (11); mais comme ces équations sont identiques, sauf la substitution de la lettre λ à la lettre μ, il est clair qu'en cherchant le paramètre μ_0 on devra aussi trouver λ_0.

Souvent, au lieu de se donner la fonction $\varphi(\rho)$, on se donne une relation entre b et c ou entre l'une de ces quantités et ρ. Dans ce cas, les quantités b et c s'obtiennent facilement l'une et l'autre; mais, pour avoir μ, il faudra toujours en arriver à résoudre une équation de la forme

$$\frac{d\mu}{\mu}\,(\rho^2 - \mu^2) = \varphi(\rho)\,d\rho;$$

en sorte que, quelle que soit la manière dont le problème est posé, il se trouve toujours ramené à la résolution de cette même équation.

Nous allons voir, du reste, que les surfaces dépourvues de centres conduisent à des résultats tout à fait analogues et peut-être plus simples encore.

Toute famille de paraboloïdes à plans principaux communs peut être représentée par l'équation

$$(20) \qquad \frac{y^2}{\rho} + \frac{z^2}{\rho - \Pi} - 2(x - l) = \rho,$$

où ρ est le paramètre, Π et l deux fonctions quelconques de ρ. Géométriquement ρ et $\rho - \Pi$ sont les paramètres des deux paraboles principales; par conséquent, Π est le double de la distance des foyers de ces courbes; enfin l est la distance de l'origine des coordonnées au foyer de la section principale par le plan des xy.

Si on suppose d'abord Π et l constants, les paraboloïdes sont homofocaux et admettent deux systèmes de surfaces orthogonales conjuguées, qui sont aussi des paraboloïdes homofocaux ayant pour équations

$$(21) \qquad \frac{y^2}{\lambda} + \frac{z^2}{\lambda - \Pi} - 2(x - l) = \lambda,$$

$$(22) \qquad \frac{y^2}{\mu} + \frac{z^2}{\mu - \Pi} - 2(x - l) = \mu.$$

Si Π et l sont des fonctions de ρ, on trouvera les paramètres λ_0 et μ_0

des surfaces conjuguées aux proposées ρ en appliquant la même méthode que pour les surfaces à centres. Si l'on différentie (22) par rapport à ρ, μ étant considéré comme une fonction de ρ, on trouve

$$(23) \qquad \frac{d\mu}{d\rho} = \frac{H}{G},$$

en posant

$$(24) \qquad G = \frac{y^2}{\mu^2} + \frac{z^2}{(\mu - \Pi)^2} + 1,$$

$$(25) \qquad H = \frac{\Pi' z^2}{(\mu - \Pi)^2} + 2\,l',$$

$$\Pi' = \frac{d\Pi}{d\rho}, \quad l' = \frac{dl}{d\rho}.$$

On déduit d'ailleurs des équations (20)

$$(26) \qquad \begin{cases} y^2 = \dfrac{-\rho\lambda\mu}{\Pi}, \\[2ex] z^2 = \dfrac{(\rho - \mu)(\lambda - \Pi)(\mu - \Pi)}{\Pi}, \\[2ex] 2(x - l) = \Pi - \rho - \lambda - \mu. \end{cases}$$

Ces valeurs portées dans (24) et (25) donnent, toutes réductions faites,

$$G = \frac{(\rho - \mu)(\lambda - \mu)}{\mu(\mu - \Pi)},$$

$$H = \frac{\dfrac{\Pi'}{\Pi}(\rho - \Pi)(\lambda - \Pi) + 2\,l'(\mu - \Pi)}{\mu - \Pi},$$

et par suite, au moyen de (23),

$$(27) \qquad \frac{1}{\mu}\frac{d\mu}{d\rho} = \frac{\dfrac{\Pi'}{\Pi}(\rho - \Pi)(\lambda - \Pi) + 2\,l'(\mu - \Pi)}{(\rho - \mu)(\lambda - \mu)}.$$

Le second membre doit être indépendant de λ. C'est ce qui aura lieu si l'on fait

$$(28) \qquad \frac{\Pi'}{\Pi}(\rho - \Pi) + 2\,l' = 0.$$

C'est donc là la relation qui doit exister entre les fonctions Π et l pour que les surfaces proposées puissent faire partie d'un système orthogonal. On remarquera, comme pour la relation (18), qu'elle ne changerait évidemment pas, si au lieu de ρ on avait pris pour paramètre une fonction quelconque de ρ. Au moyen de cette relation, on pourra dire immédiatement si une famille de paraboloïdes proposée peut ou non faire partie d'un système orthogonal. On voit, par exemple, que si l'un des plans principaux coupe toutes les surfaces données suivant des paraboles homofocales, il faut que l'autre plan principal jouisse de la même propriété pour que ces surfaces puissent admettre des surfaces orthogonales.

En un mot, on peut répéter ici les remarques faites sur la relation (18).

Si l'on a égard à (28), l'expression (27) de μ devient simplement

$$\frac{\rho - \mu}{\mu} \frac{d\mu}{d\rho} = \frac{\Pi'}{\Pi}(\rho - \Pi)$$

ou encore

$$(\text{VI}) \qquad \frac{d\mu}{\mu}(\rho - \mu) = \frac{d\Pi}{\Pi}(\rho - \Pi) = -2\,l'\,d\rho = \varphi(\rho)\,d\rho,$$

$\varphi(\rho)$ étant une fonction qu'on peut se donner arbitrairement. On en déduira immédiatement l; puis, si on sait résoudre l'équation qui existe entre le second et le dernier membre, on aura Π en fonction de ρ et d'une constante arbitraire; μ s'en déduira immédiatement en remplaçant dans l'expression de Π la constante par μ_0. Il ne restera plus qu'à éliminer ρ et μ entre (20), (22) et la relation obtenue entre μ et μ_0, pour avoir ce paramètre exprimé en x, y, z. On remarquera d'ailleurs, comme pour les surfaces à centres, que la même équation qui donnera μ_0 donnera aussi λ_0.

Ces résultats sont, comme on le voit, extrêmement simples. Tout le problème des coordonnées comprenant une famille quelconque de surfaces du second degré se ramène à la résolution de l'une ou de l'autre des deux équations aux différences ordinaires

$$\frac{d\mu}{\mu}(\rho^2 - \mu^2) = \varphi(\rho)\,d\rho, \quad \frac{d\mu}{\mu}(\rho - \mu) = \varphi(\rho)\,d\rho.$$

Et même la première se ramène immédiatement à la seconde. Si, en effet, on pose

$$\rho^2 = x, \quad \mu^2 = y, \quad \text{d'où} \quad d\rho = \frac{dx}{2\sqrt{x}}, \quad \frac{d\mu}{\mu} = \frac{1}{2}\frac{dy}{y},$$

il vient

$$(29) \qquad \frac{dy}{y}(x - y) = \frac{\varphi(\sqrt{x})}{\sqrt{x}}\,dx = \mathrm{X}\,dx,$$

équation de même forme que celle que donnent les paraboloïdes. Ainsi, c'est une seule équation qu'il suffirait de savoir résoudre. Malheureusement, et bien que sa forme paraisse très-simple, je ne crois pas qu'elle puisse être résolue d'une manière générale, quelle que soit la fonction X de la variable x. Je n'ai réussi à l'intégrer que dans deux cas très-particuliers, savoir :

1° Lorsque $\mathrm{X} = \dfrac{1}{x}$; dans ce cas, elle peut s'écrire

$$dy + \frac{dx}{x} = \frac{x}{y}\,dy.$$

Multiplions le premier membre par le facteur $e^{-(y + \log x)}$, et le second par son égal $\dfrac{e^{-y}}{x}$, il viendra

$$e^{-(y + \log x)}\left(dy + \frac{dx}{x}\right) = \frac{e^{-y}}{y}\,dy.$$

On voit que maintenant les deux membres sont des différentielles exactes, et l'intégrale cherchée est

$$\int \frac{e^{-y}}{y}\,dy + \frac{e^{-y}}{x} = \text{const.}$$

2° Lorsque X est constant; dans ce cas l'équation proposée devient homogène et son intégrale est

$$(30) \qquad y = \mathrm{C}\,[y + (a - 1)x]^a$$

C étant une constante arbitraire et a la valeur donnée à X.

Avant de faire des applications particulières de ce qui précède, je dois revenir sur les conditions (18) et (28) que doivent remplir les surfaces du second degré pour admettre des surfaces orthogonales; ces conditions sont nécessaires et suffisantes. Si donc on se rappelle leur signification géométrique relative à la ligne ombilicale que nous avons trouvée pages 49 et 50, on pourra énoncer le théorème suivant :

Pour qu'une famille quelconque de surfaces du second degré puisse faire partie d'un système de coordonnées curvilignes, il faut et il suffit que la ligne ombilicale de cette famille soit une trajectoire orthogonale des surfaces qui la composent.

Cet énoncé comprend évidemment cette autre condition nécessaire, mais non suffisante, que les surfaces doivent être à plans principaux communs.

IV.

Nous allons maintenant appliquer l'équation (30) à la recherche de divers systèmes de coordonnées, et d'abord occupons-nous des surfaces dépourvues de centre.

I. *Une famille de surfaces est composée de paraboloïdes ayant tous même sommet. On demande de compléter la définition de ces surfaces par la condition qu'elles puissent faire partie d'un système de coordonnées et de déterminer ces coordonnées par leurs trois équations.*

La question ainsi posée peut être résolue complétement. D'abord, il n'est pas nécessaire de répéter que les paraboloïdes cherchés ont tous mêmes plans principaux. Rapportons-les à ces plans, leur sommet commun étant pris pour origine; on aura

$$(31) \qquad l = \frac{\rho}{2}, \quad l' = \frac{1}{2}.$$

L'équation (VI) devient par suite

$$\frac{d\mu}{\mu}(\rho - \mu) = \frac{d\Pi}{\Pi}(\rho - \Pi) = -d\rho,$$

équation à laquelle on peut appliquer la formule (30) en y faisant

$$a = -1, \quad x = \rho, \quad y = \Pi \text{ ou } \mu.$$

9..

Cette formule donnera

$$(32) \qquad \Pi(\Pi - 2\rho) = C$$

et

$$(33) \qquad \mu(\mu - 2\rho) = \mu_0.$$

L'équation (20) où l'on remplacerait l et Π par les valeurs (31) et (32) donnerait d'abord tous les systèmes de paraboloïdes répondant à la question; puis l'élimination de ρ, μ, l et Π entre (20), (22), (31), (32), (33) donnerait l'expression du paramètre μ_0 et en même temps de celui λ_0 des surfaces orthogonales conjuguées à ces paraboloïdes.

A chaque valeur donnée à la constante C correspond un système particulier de coordonnées curvilignes. Examinons d'abord le système correspondant à la valeur

$$C = 0,$$

d'où

$$\Pi = 0 \quad \text{ou} \quad \Pi = 2\rho.$$

La première de ces solutions donne lieu à des paraboloïdes de révolution auxquels nous ne nous arrêterons pas; la seconde fournit des paraboloïdes ayant pour équation

$$(34) \qquad \frac{y^2 - z^2}{\rho} = 2x.$$

Les valeurs de Π et de l étant portées dans (22) donnent

$$(35) \qquad \frac{y^2}{\mu} + \frac{z^2}{\mu - 2\rho} = 2x + \mu - \rho.$$

Et pour avoir μ_0 nous devrons éliminer μ et ρ entre (33), (34) et (35). Pour éviter des calculs inutiles, nous remarquerons que pour $\mu = \rho$, cette dernière se réduit nécessairement à (34) et se trouve, par suite, satisfaite. Nous pouvons donc en diviser le premier membre par $\mu - \rho$, ce qui donnera, en ayant égard à (34),

$$\mu(\mu - 2\rho) + 2\mu x - 2y^2 = 0,$$

ou, à cause de (23),

$$\mu_0 + 2\mu x - 2y^2 = 0,$$

d'où

$$\mu = \frac{2\gamma^2 - \mu_0}{2x}, \quad \mu - 2\rho = \frac{2z^2 - \mu_0}{2x},$$

et, par suite,

$$\mu_0 = \frac{(2\gamma^2 - \mu_0)(2z^2 - \mu_0)}{4x^2}.$$

Si l'on résout par rapport à μ_0 et que l'on remarque que les deux racines obtenues ne seront autre chose que λ_0 et μ_0, on aura

$$(36) \qquad \lambda_0 = \gamma^2 + z^2 + 2x^2 + \sqrt{(\gamma^2 + z^2 + 2x^2)^2 - 4\gamma^2 z^2},$$

$$(37) \qquad \mu_0 = \gamma^2 + z^2 + 2x^2 - \sqrt{(\gamma^2 + z^2 + 2x^2)^2 - 4\gamma^2 z^2}.$$

Le système orthogonal cherché est donc donné par les équations (34), (36) et (37). On vérifiera très-aisément que ces équations satisfont en effet aux conditions d'orthogonalité, savoir :

$$(38) \qquad \begin{cases} \dfrac{d\rho}{dx}\dfrac{d\lambda_0}{dx} + \dfrac{d\rho}{dy}\dfrac{d\lambda_0}{dy} + \dfrac{d\rho}{dz}\dfrac{d\lambda_0}{dz} = 0, \\[2mm] \dfrac{d\rho}{dx}\dfrac{d\mu_0}{dx} + \dfrac{d\rho}{dy}\dfrac{d\mu_0}{dy} + \dfrac{d\rho}{dz}\dfrac{d\mu_0}{dz} = 0, \\[2mm] \dfrac{d\lambda_0}{dx}\dfrac{d\mu_0}{dx} + \dfrac{d\lambda_0}{dy}\dfrac{d\mu_0}{dy} + \dfrac{d\lambda_0}{dz}\dfrac{d\mu_0}{dz} = 0. \end{cases}$$

Les deux familles de surfaces λ_0 et μ_0 sont du quatrième degré et leurs équations sous forme rationnelle sont assez simples. Les voici, en remplaçant pour l'homogénéité λ_0 et μ_0 par λ_0^2 et μ_0^2 :

$$(2\gamma^2 - \lambda_0^2)(2z^2 - \lambda_0^2) = 4\lambda_0^2 x^2,$$
$$(2\gamma^2 - \mu_0^2)(2z^2 - \mu_0^2) = 4\mu_0^2 x^2.$$

Ce système de coordonnées avait déjà été trouvé sous une autre forme et par un procédé tout différent par M. Serret dans le Mémoire cité au commencement de ce travail. M. Serret l'a déduit comme application de l'étude générale qu'il a faite des surfaces de la forme

$$\rho = \varphi(x) + \psi(\gamma) + \chi(z).$$

Cela se comprend facilement. On voit, en effet, que si l'on prend pour plans coordonnés des xz et yz les plans directeurs des paraboloïdes proposés, leur équation prendra la forme

$$\rho = \frac{yz}{2\,x},$$

et si, au lieu de ρ, on prend pour paramètre $\rho' = \log 2\rho$, on aura

$$\rho' = \log y + \log z - \log x,$$

équation qui rentre bien dans la forme que je viens de citer.

Mais ce n'est là qu'un cas très-particulier du problème que nous nous sommes posé : le cas où la constante $C = 0$. Notre méthode s'applique quel que soit C. Seulement, dans ce cas général, au lieu de faire l'élimination comme nous l'avons indiqué plus haut, il est plus simple de chercher à avoir les équations des trois familles de surfaces ρ, λ_0, μ_0 résolues par rapport à x, y et z. Il suffira pour cela de recourir au groupe d'équations (26) où l'on fera

$$\Pi\,(\Pi - 2\rho) = C, \quad \text{d'où} \quad \Pi = \rho \pm \sqrt{\rho^2 + C},$$
$$\lambda\,(\lambda - 2\rho) = \lambda_0, \quad \text{d'où} \quad \lambda = \rho \pm \sqrt{\rho^2 + \lambda_0},$$
$$\mu\,(\mu - 2\rho) = \mu_0, \quad \text{d'où} \quad \mu = \rho \pm \sqrt{\rho^2 + \mu_0},$$

et l'on aura

$$(39)\quad \begin{cases} y^2 = \dfrac{-\rho\,(\rho \pm \sqrt{\rho^2 - \lambda_0})\,(\rho \pm \sqrt{\rho^2 + \mu_0})}{\rho \pm \sqrt{\rho^2 + C}}, \\[2ex] z^2 = \dfrac{\mp \sqrt{\rho^2 + C}\,(\sqrt{\rho^2 + \lambda_0} - \sqrt{\rho^2 + C})\,(\sqrt{\rho^2 + \mu_0} - \sqrt{\rho^2_1 + C})}{\rho \pm \sqrt{\rho^2 + C}}, \\[2ex] 2x = \rho \pm \sqrt{\rho^2 + C} \mp \sqrt{\rho^2 + \lambda_0} \pm \sqrt{\rho^2 + \mu_0}. \end{cases}$$

On vérifierait facilement que ces équations satisfont aux conditions d'orthogonalité, conditions qu'il conviendrait ici de prendre sous la forme

$$(40)\quad \begin{cases} \dfrac{dx}{d\rho}\,\dfrac{dx}{d\lambda_0} + \dfrac{dy}{d\rho}\,\dfrac{dy}{d\lambda_0} + \dfrac{dz}{d\rho}\,\dfrac{dz}{d\lambda_0} = 0, \\[2ex] \dfrac{dx}{d\rho}\,\dfrac{dx}{d\mu_0} + \dfrac{dy}{d\rho}\,\dfrac{dy}{d\mu_0} + \dfrac{dz}{d\rho}\,\dfrac{dz}{d\mu_0} = 0, \\[2ex] \dfrac{dx}{d\lambda_0}\,\dfrac{dx}{d\mu_0} + \dfrac{dy}{d\lambda_0}\,\dfrac{dy}{d\mu_0} + \dfrac{dz}{d\lambda_0}\,\dfrac{dz}{d\mu_0} = 0. \end{cases}$$

Il n'est pas nécessaire de faire remarquer qu'en éliminant λ_0 et μ_0 entre les équations (39) on trouverait l'équation des paraboloïdes faisant partie du système orthogonal représenté par ces équations. Ces paraboloïdes ont pour équation

$$(41) \qquad \frac{y^2}{\rho} \mp \frac{z^2}{\sqrt{\rho^2 + C}} = 2x.$$

C'est là l'équation la plus générale des paraboloïdes ayant même sommet et pouvant faire partie d'un système de coordonnées curvilignes orthogonales.

II. Proposons-nous maintenant la question plus générale que voici :

Les paraboloïdes proposés sont tels, que les distances de leurs sommets à un point fixe de l'axe sont proportionnelles aux paramètres de l'une des sections principales, ou, si l'on veut, que les distances des foyers de l'une des sections principales à un point fixe de l'axe sont proportionnelles aux paramètres de cette section : on demande de *compléter la définition des surfaces par la condition qu'elles puissent faire partie d'un système orthogonal et de trouver les équations des surfaces conjuguées.*

Si l'on rapporte les surfaces proposées à leurs plans principaux et qu'on prenne le point fixe donné pour origine des coordonnées, on reconnaîtra sans peine que les données qui viennent d'être énoncées reviennent à prendre l proportionnel à ρ. Soit donc

$$l = \frac{a}{2}\rho.$$

On déterminera Π par l'équation

$$\frac{d\Pi}{\Pi}(\rho - \Pi) = -a,$$

et μ par l'équation

$$\frac{d\mu}{\mu}(\rho - \mu) = -a,$$

d'où

$$(43) \qquad \Pi\,[\Pi - (a+1)\rho]^a = C$$

et

$$(44) \qquad \mu\,[(\mu - (a+1)\rho]^a = \mu_0.$$

Il resterait à éliminer l, Π, ρ et μ entre (42), (43), (44), (20) et (22).

Le problème offre encore autant de solutions particulières qu'on attribuera de valeurs à C. Faisons $C = 0$, d'où

$$\Pi = (a + 1)\rho.$$

L'équation des paraboloïdes proposés et des surfaces μ seront alors, d'après (20) et (22),

$$(45) \qquad \frac{y^2}{\rho} - \frac{z^2}{a\rho} - 2x = (1 - a)\rho,$$

$$(46) \qquad \frac{y^2}{\mu} + \frac{z^2}{\mu - (a + 1)\rho} - 2x = \mu - a\rho.$$

Pour éliminer ρ et μ entre (44), (45) et (46), on divisera celle-ci par $\mu - \rho$, ce qui donnera, en ayant égard à (45),

$$(46 \text{ bis}) \qquad \mu^2 + 2(x - a\rho)\mu - (1 + a)y^2 = 0.$$

On pourra résoudre (45) et (46 bis) par rapport à ρ et μ et porter les résultats dans (44). Les résultats sont fort complexes, mais le calcul n'offre aucune difficulté.

Dans le cas particulier où $a = -2$, on peut résoudre (44) et alors on peut obtenir facilement les équations du système correspondant résolues par rapport à x, y, z, et cela sans attribuer aucune valeur particulière à la constante C de l'équation (48). On a en effet, dans ce cas,

$$\mu = \mu_0(\mu + \rho)^2,$$
$$\lambda = \lambda_0(\lambda + \rho)^2,$$
$$\Pi = C(\Pi + \rho)^2.$$

Si l'on porte dans le groupe (26) les valeurs de λ, μ, Π déduites de ces équations, qu'on remplace μ_0 par $\dfrac{1}{2\mu_0}$, λ_0 par $\dfrac{1}{2\lambda_0}$ et C par $\dfrac{1}{2k}$, on aura

$$(47) \begin{cases} y^2 = \dfrac{-\rho(\rho - \lambda_0 \mp \sqrt{\lambda_0^2 - 2\lambda_0\rho})(\rho - \mu_0 \mp \sqrt{\mu^2 - 2\mu_0\rho}}{-(\rho - k) \pm \sqrt{k^2 - 2k\rho}}, \\[2em] z^2 = \dfrac{(2\rho - k \mp \sqrt{k^2 - 2k\rho})(\lambda_0 - k \pm \sqrt{\lambda_0^2 - 2\lambda_0\rho} - \sqrt{k^2 - 2k\rho})(\mu_0 - k \pm \sqrt{\mu_0^2 - 2\mu_0\rho} - \sqrt{k^2 - 2k\rho}}{-(\rho - k) \pm \sqrt{k^2 - 2k\rho}}, \\[2em] 2x = k - \lambda_0 - \mu_0 - 2\rho \pm \sqrt{k^2 - 2k\rho_0\rho} \pm \sqrt{\lambda_0^2 - 2\lambda} \pm \sqrt{\mu_0^2 - 2\mu_0\rho}. \end{cases}$$

Ces équations se simplifient beaucoup si l'on y suppose $k = 0$, ce qui donne le système orthogonal correspondant aux paraboloïdes

$$\frac{\gamma^2}{\rho} + \frac{z^2}{2\rho} - 2x = 3\rho.$$

Lorsque k est quelconque, les paraboloïdes qui font partie du système de coordonnées (47) ont pour équation

$$(48) \qquad \frac{\gamma^2}{\rho} + \frac{z^2}{2\rho - k \mp \sqrt{k^2 - 2k\rho}} - 2x = 3\rho.$$

Il est un cas particulier qu'il convient de considérer, c'est celui où l'on $a = -1$; l'équation (44) devient alors illusoire. Traitons directement l'équation

$$\frac{d\mu}{\mu}(\rho - \mu) = -a d\rho,$$

après y avoir fait $a = -1$, ce qui donne

$$\frac{d\mu}{\mu}(\rho - \mu) = d\rho,$$

d'où

$$\frac{d\mu}{\mu} = \frac{\rho d\mu - \mu d\rho}{\mu^2} = -d\frac{\rho}{\mu}$$

et

$$(49) \qquad \mu = \mu_0 e^{-\frac{\rho}{\mu}},$$

On aurait de même

$$\Pi = C e^{-\frac{\rho}{\Pi}}.$$

Il faudrait éliminer μ, Π, ρ entre ces deux équations et les suivantes :

$$(50) \qquad \frac{\gamma^2}{\rho} + \frac{z^2}{\rho - \Pi} - 2x = \rho,$$

$$(51) \qquad \frac{\gamma^2}{\mu} + \frac{z^2}{\mu - \Pi} - 2x = \mu + \rho.$$

Cette élimination ne peut pas être effectuée, mais les quatre dernières équations peuvent être considérées comme représentant les surfaces μ_0 au moyen des variables auxiliaires ρ, Π, μ.

III. — *Une famille de surfaces du second degré à centres est telle, que l'excentricité géométrique de l'une des sections principales est proportionnelle à l'un des axes de cette section.* On demande de *compléter la définition de la famille par la condition qu'elle puisse faire partie d'un système orthogonal et de déterminer ce système.*

Supposons que l'excentricité b de la section principale par le plan des xy soit proportionnelle à l'axe ρ de cette section. Posons

$$b^2 = (a + 1)\rho^2.$$

L'équation de la famille de surfaces sera donnée, d'après (10), par

$$(52) \qquad \frac{x^2}{\rho^2} - \frac{y^2}{a\rho^2} + \frac{z^2}{\rho - c^2} = 1.$$

Il faut d'abord déterminer c. Cette quantité sera donnée par la relation

$$\frac{c'}{c}(\rho^2 - c^2) = \frac{b'}{b}(\rho^2 - b^2) = -a\rho,$$

d'où

$$(53) \qquad c^2[c^2 - (a + 1)\rho^2]^a = C,$$

C étant une constante arbitraire. Si l'on suppose $C = 0$, on aura des surfaces de révolution auxquelles nous ne nous arrêterons pas. L'équation (12) en μ sera ici

$$(54) \qquad \frac{x^2}{\mu^2} + \frac{y^2}{\mu^2 - (a + 1)\rho^2} + \frac{z^2}{\mu^2 - c^2} = 1,$$

et μ_0 sera donné par la relation

$$(55) \qquad \mu_0 = \mu^2[\mu^2 - (a + 1)\rho^2]^a.$$

Il ne reste plus qu'à éliminer c, ρ, μ entre (52), (53), (54) et (55) pour avoir une équation en μ_0 dont les racines seront les paramètres λ_0 et μ_0 des surfaces conjuguées aux proposées.

Quand on pourra résoudre (53) par rapport à c, il sera préférable de chercher, comme précédemment, les équations en ρ, λ_0 et μ_0 résolues par rapport à x, y, z. Ainsi, soit $a = 1$. Recourons au groupe (16), où nous ferons

$$b^2 = 2\rho^2,$$

$$c^2(c^2 - 2\rho^2) = C, \quad \text{d'où} \quad c^2 = \rho^2 \pm \sqrt{\rho^4 + C};$$

$$\lambda^2(\lambda^2 - 2\rho^2) = \lambda_0, \quad \text{d'où} \quad \lambda^2 = \rho^2 \pm \sqrt{\rho^4 + \lambda_0};$$

$$\mu^2(\mu^2 - 2\rho^2) = \mu_0, \quad \text{d'où} \quad \mu^2 = \rho^2 \pm \sqrt{\rho^4 + \mu_0};$$

et nous aurons, pour les équations cherchées,

$$(56) \quad \begin{cases} x^2 = \dfrac{(-\rho^2 \mp \sqrt{\rho^4 + C})(\rho^2 \mp \sqrt{\rho^4 + \lambda_0})(\rho^2 \mp \sqrt{\rho^2 + \mu_0})}{2\,C}, \\[2ex] y^2 = \dfrac{(\rho^2 \mp \sqrt{\rho^4 + C})(\rho^2 \pm \sqrt{\rho^4 + \lambda_0})(\rho^2 \pm \sqrt{\rho^4 + \mu_0})}{2\,C}, \\[2ex] z^2 = \dfrac{\pm \sqrt{\rho^4 + C}\,(\mp \sqrt{\rho^4 + C} \pm \sqrt{\rho^4 + \lambda_0})(\mp \sqrt{\rho^4 + C} \pm \sqrt{\rho^4 + \mu_0})}{C}. \end{cases}$$

Si, de même, on fait $a = -2$, ce qui donnerait pour l'équation des surfaces proposées

$$\frac{x^2}{\rho^2} + \frac{y^2}{2\rho^2} + \frac{z^2}{\rho^2 - c^2} = 1,$$

les variables auxiliaires b, c, λ et μ seront données par les relations

$$b^2 = -\rho^2,$$

$$c^2 = C\,(c^2 + \rho^2)^2,$$

$$\mu^2 = \mu_0(\mu^2 + \rho^2)^2,$$

$$\lambda^2 = \lambda_0\,(\lambda^2 + \rho^2)^2.$$

Si l'on résout ces équations, qu'on porte les valeurs de c^2, μ^2, λ^2 qu'on en déduit dans le groupe (16), qu'on remplace la constante C par $\frac{1}{2k^2}$ et les paramètres λ_0 et μ_0 par $\frac{1}{2\lambda_0^2}$, $\frac{1}{2\mu_0^2}$, il viendra, pour les équations des trois familles de surfaces cherchées,

$$(57)\begin{cases} x^2 = \dfrac{\left[-(\rho^2 - \lambda_0^2) \pm \sqrt{\lambda_0^4 - 2\lambda_0^2\rho^2}\right]\left[-(\rho^2 - \mu_0^2) \pm \sqrt{\mu_0^4 - 2\mu_0^2\rho^2}\right]}{\rho^2 - k^2 \mp \sqrt{k^4 \pm 2k^2\rho^2}}, \\[3mm] y^2 = +2\,\dfrac{(\lambda_0^2 \mp \sqrt{\lambda_0^4 - 2\lambda_0^2\rho^2})(\mu_0^2 \pm \sqrt{\mu_0^4 - 2\mu_0^2\rho^2})}{k^2 \pm \sqrt{k^4 + 2k^2\rho^2}}, \\[3mm] z^2 = \dfrac{(2\rho^2 - k^2 \mp \sqrt{k^4 - 2k^2\rho^2})(k^2 - \lambda_0^2 \pm \sqrt{k^4 - 2k^2\rho^2} \pm \sqrt{\lambda_0^4 - 2\lambda_0^2\rho^2})(k^2 - \mu_0^2 \pm \sqrt{k^4 - 2k^2\rho^2} \pm \sqrt{\mu_0^4 - 2\mu_0^2\rho^2})}{(k^2 \pm \sqrt{k^4 - 2k^2\rho^2})\left[-(\rho^2 - k^2) \pm \sqrt{k^4 - 2k^2\rho^2}\right]}. \end{cases}$$

Pour $k = 0$, y et z deviennent infinis. Ce cas est celui où les surfaces proposées sont de révolution, et alors les équations (16) ne s'appliquent plus. Nous ne nous arrêtons pas aux cas des surfaces de révolution, qui ne présentent rien d'intéressant.

IV. — On demande de *trouver un système de coordonnées curvilignes comprenant une famille de surfaces à centres du second degré ayant un axe constant.*

Soit ρ l'axe constant; faisons $\rho = a$. Les surfaces proposées auront pour équation

$$\frac{x^2}{a^2} + \frac{y^2}{a^2 - b^2} + \frac{z^2}{a^2 - c^2} = 1,$$

b et c sont variables. Prenons l'une de ces deux quantités, par exemple la dernière, pour paramètre. Faisons $c = \rho$ (on n'oubliera pas que ρ a ici une signification nouvelle), et l'équation précédente s'écrira

$$(58) \qquad \frac{x^2}{a^2} + \frac{y^2}{a^2 - b^2} + \frac{z^2}{a^2 - \rho^2} = 1;$$

b est une fonction de ρ qui se déterminera par la relation

$$\frac{db}{b}(a^2 - b^2) = \frac{d\rho}{\rho}(a^2 - \rho^2),$$

d'où

$$(59) \qquad a^2 \log \frac{b^2}{\rho^2} = b^2 - \rho^2 + C.$$

L'équation (16) en μ sera

$$(60) \qquad \frac{x^2}{\mu^2} + \frac{y^2}{\mu^2 - b^2} + \frac{z^2}{\mu^2 - \rho^2} = 1,$$

et on aura

$$(61) \qquad a^2 \log \frac{\mu^2}{\rho^2} = \mu^2 - \rho^2 + \mu_0.$$

Il faudrait éliminer b, μ et ρ entre (58), (59), (60) et (61). Mais ici l'élimination ne pourra pas s'effectuer à cause des équations transcendantes (59) et (61). Les paramètres μ_0 et λ_0 seront connus au moyen des coordonnées x, y, z et des variables auxiliaires b, μ et ρ. On pourrait d'ailleurs, au moyen de (58) et (60), éliminer deux de ces variables et n'en conserver qu'une seule. Si l'on voulait faire ce calcul, on n'oublierait pas de diviser au préalable l'équation (60) par le binôme $\mu - a$. Le reste de la division serait le premier membre de (58), c'est-à-dire que ce reste serait nul.

Vu et approuvé.

Le 20 décembre 1866.

Le Doyen de la Faculté des Sciences,

MILNE EDWARDS.

Permis d'imprimer.

Le 21 décembre 1866.

Le Vice-Recteur de l'Académie de Paris,

A. MOURIER.

PARIS. — IMPRIMERIE DE GAUTHIER-VILLARS, successeur de MALLET-BACHELIER,
Rue de Seine-Saint-Germain, 10, près l'Institut.

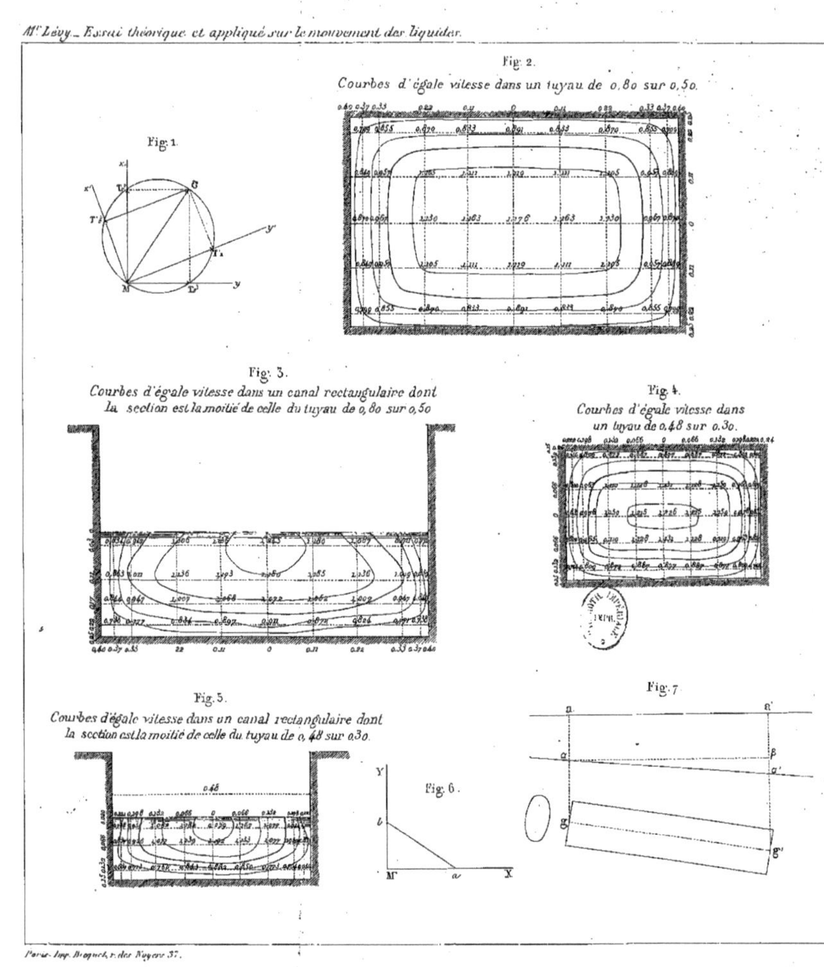

Fig. 1.
Fig. 2.
Courbes d'égale vitesse dans un tuyau de 0,80 sur 0,50.
Fig. 3.
Courbes d'égale vitesse dans un canal rectangulaire dont la section est la moitié de celle du tuyau de 0,80 sur 0,50
Fig. 4.
Courbes d'égale vitesse dans un tuyau de 0,48 sur 0,30.
Fig. 5.
Courbes d'égale vitesse dans un canal rectangulaire dont la section est la moitié de celle du tuyau de 0,48 sur 0,30.
Fig. 6.
Fig. 7.

PARIS.—IMPRIMERIE DE GAUTHIER-VILLARS,
Rue de Seine-Saint-Germain, 10, près l'Institut.

PARIS.—IMPRIMERIE DE GAUTHIER-VILLARS,
Rue de Seine-Saint-Germain, 10, près l'Institut.